重庆市教育委员会科技重点项目（KJZD-K202401205）
重庆市科技局面上项目（CSTB2022NSCQ-MSX0333）　研究成果

北部湾盆地页岩油储层特征与油藏赋存规律

唐　鑫　李洋冰　马立涛　著

中国科学技术大学出版社

内 容 简 介

页岩油是我国非常规油气开发领域有望突破的重要能源种类。本书以我国南海北部湾盆地流沙港组流二段页岩油储层为研究对象,结合现代实验分析技术与数值模拟技术,系统研究了北部湾盆地页岩油储层特征及赋存规律,在现有资料的基础上开展了系统的研究与分析工作。

本书可供从事页岩油气开发、勘探等工作的人员使用,也可作为石油高等院校相关专业师生的参考书。

图书在版编目(CIP)数据

北部湾盆地页岩油储层特征与油藏赋存规律/唐鑫,李洋冰,马立涛著. --合肥:中国科学技术大学出版社,2024.9
ISBN 978-7-312-05990-2

Ⅰ.北⋯　Ⅱ.①唐⋯ ②李⋯ ③马⋯　Ⅲ.北部湾—构造盆地—油页岩—储集层特征—研究　Ⅳ.P618.130.2

中国国家版本馆 CIP 数据核字(2024)第 098958 号

北部湾盆地页岩油储层特征与油藏赋存规律

BEIBUWAN PENDI YEYANYOU CHUCENG TEZHENG YU YOUCANG FUCUN GUILÜ

出版	中国科学技术大学出版社
	安徽省合肥市金寨路 96 号,230026
	http://press.ustc.edu.cn
	https://zgkxjsdxcbs.tmall.com
印刷	安徽省瑞隆印务有限公司
发行	中国科学技术大学出版社
开本	787 mm×1092 mm　1/16
印张	11.25
字数	274 千
版次	2024 年 9 月第 1 版
印次	2024 年 9 月第 1 次印刷
定价	60.00 元

序 1

  该书从地质构造、沉积环境、成藏机制、赋存方式等地质特征分析入手,扩展到页岩油吸附模拟、页岩油产能预测和开发效果预测等研究领域,系统论述了页岩油储层特征与油藏赋存规律,揭示了北部湾盆地页岩油资源的勘探开发潜力,形成了北部湾盆地页岩油储层预测和评价方法,构建了适合于北部湾盆地页岩油储层孔隙多尺度定量表征技术,深化了沉积环境对页岩油成藏的控制作用,总结了原油在页岩储层中的吸附规律,并基于逾渗理论提出了页岩油保存及散失模型。

  唐鑫、李洋冰、马立涛在页岩油气赋存规律方面进行了多年的研究工作,该书是作者所在团队长年探索工作的成果积累。该书在以下 5 个方面取得了重要创新和研究进展:

  (1) 利用实验技术分析了北部湾盆地优质页岩油储层特征;

  (2) 在北部湾盆地实现了纳米到毫米尺度的页岩油储层孔隙多尺度定量表征;

  (3) 利用分子动力学研究了页岩油的扩散和运移现象;

  (4) 利用巨正则蒙特卡罗方法分析了原油在页岩储层中的吸附规律;

  (5) 改进了页岩油保存及散失模型。

  该书提出了许多新的思路和独到见解,改进和发展了页岩油储层特征与油藏赋存规律研究技术和方法,展现了作者勤于探索、勇于实践的科学精神。

  相信该书能够为读者提供重要的参考和借鉴。

  是为序。

中国工程院院士

中国海洋石油集团有限公司

2024 年 2 月

序　2

　　近年来,页岩油气资源已成为全球油气资源的重要组成部分。美国的海相页岩油经历了长期的探索,并最终在威利斯顿盆地、海湾盆地等地区获得高产。中国的陆相页岩油从准噶尔盆地吉木萨尔凹陷到渤海湾盆地的黄骅坳陷和济阳坳陷均有突破。但与国外海相页岩油相比,我国的陆相页岩油仍然面临着单井产量普遍较低,页岩油平面分布的非均质性强,"甜点"评价标准不统一等难题。特别是对于陆相页岩油来说,页岩油储层与油藏赋存特征研究更为重要。

　　该书的作者唐鑫、李洋冰、马立涛是我的老朋友,多年来一直扎扎实实地从事海油的油气勘探与实验室工作,他们撰写的《北部湾盆地页岩油储层特征与油藏赋存规律》在中国海上勘探对页岩油研究相对薄弱的情况下,提供了有益的探索和丰富的基础资料与数据。在这本专著中,作者们以其卓越的学术造诣和丰富的实践经验,深入研究了北部湾盆地页岩油储层的特征和油藏赋存规律,通过大量的实验数据和地质资料,深入剖析了北部湾盆地页岩油储层的地质特征、物性特征、储层类型及其油藏赋存规律,为海上页岩油勘探开发提供了重要的理论和实践指导。

　　最近几十年来,机缘巧合,我有幸参与了很多近海盆地的油气勘探与油藏地球化学研究工作,发现中国近海的陆相湖盆烃源岩发育也富有特色。以北部湾盆地流二段油页岩为例,它的4-甲基甾烷丰度堪称全国之最,4-甲基甾烷指数超过5,这与其独特的古气候与富营养湖泊有关,这些条件形成的优质源岩是页岩油勘探的重要物质基础。我相信,该书的问世,不仅对北部湾盆地页岩油资源勘探,而且对我国海上页岩油勘探与开发都能起到重要的推动作用。

　　希望通过该书的出版,能够给页岩油气勘探领域有关工程技术及生产管理人员提供有益参考,针对我国陆相页岩油复杂的地质背景,各位同行共同努力,围绕页岩油勘探开发生产难题开展研究,探索适合中国陆相页岩油勘探开发的低成本方案与技术,能够推动陆相页岩油勘探开发技术创新和科技进步,为我国能源安全和可持续发展做出更大的贡献。

中国地质大学(北京)教授

侯读杰

2024 年 1 月

前　言

本书是多年来多家相关技术公司和院校的专家和学者们共同辛勤劳动的成果，也是心血和汗水的结晶，是研究—实践—再研究—再实践的成功典范。

本书是笔者在众多专家和学者研究的基础上综合多年来对北部湾盆地页岩油勘探相关理论和方法的研究成果编撰而成的。

本书按照研究内容的系统性和逻辑关系共分为9章，各章相互联系又相对独立地阐述了以下内容：

(1) 北部湾盆地的生烃能力

通过对北部湾盆地流二段的储层样品进行处理和实验分析，发现研究区页岩组分丰富，含有大量有机质和黏土矿物。北部湾盆地油页岩有机碳含量下限为3%，含油率为3.5%～10%，达到中等和优质油页岩矿品级，同时也是优质烃源岩。有机质类型主要为Ⅱ₁型，部分为Ⅰ型，生烃潜力巨大，即原油储量或产油能力巨大，具有很好的开发前景。

(2) 北部湾盆地页岩油的可动性

通过对北部湾盆地流二段储层样品进行孔隙联合表征发现，在成岩演化过程中，微孔和中孔最为发育，说明储层孔隙比表面积大，原油可动性好，产油量多。

本书的理论、方法，已在北部湾地区得到应用并取得良好效果。

在本课题研究及本书的编写过程中，中国海洋石油总公司（以下简称中海油）的专家和领导给予充分的重视，多次给予重要指导和关心，在此表示衷心的感谢。

本书的出版得到了重庆市教育委员会科技重点项目（重庆地区陆相纹层状页岩油储层微观结构及固-液两相吸附特征研究，KJZD-K202401205）和重庆市科技局面上项目（海相富有机质页岩黏土矿物纳米孔隙中甲烷分子脱附机理研究，CSTB2022NSCQ-MSX0333）的资助，在此表示感谢。

由于本书涉及的范围广、内容新，加上笔者水平有限，疏漏在所难免，望读者、专家和同仁不吝赐教。

最后，本书如能为同行解决类似问题提供启发，将是我们最大的欣慰。

作者

2024年2月

目　　录

1　绪　　论

1.1　研　究　意　义

近年来,流二段页岩油储层作为中国北部湾盆地重要的页岩油勘探开发的目标层位,已成为勘探开发的热点。随着页岩油气地质理论的完善及开采技术的进步,页岩油已经成为最重要的原油产量增长点,页岩油开发也成为实现能源独立的重要途径。研究页岩孔隙结构,深入揭示页岩储层的内部结构,对油气田勘探和开发有着重要意义。页岩孔隙结构对页岩储层的储存性能、渗流能力和页岩油气产能具有十分重要的影响,是页岩储层评价的核心内容。

页岩孔隙作为页岩油的载体,对页岩油的赋存和运移起着重要的作用,孔隙的内部结构已经成为有利储层预测、勘探和开发的重要指标。

基于此,开展北部湾盆地流二段页岩油微观孔隙结构表征及页岩油可动性相关的研究工作非常重要,旨在探明流二段页岩油岩石储层特征及流体赋存机理。

1.2　页岩油资源分布及勘探开发现状

1.2.1　全球页岩油资源分布

全球页岩油资源丰富,分布广泛。截至 2017 年底,全球已探明的页岩油地质资源总量为 9.37×10^{12} t,技术可采资源量为 0.62×10^{12} t,主要分布在北美和欧亚大陆。北美地区页岩油技术可采资源量为 0.19×10^{12} t,占比 30%;其次为包括俄罗斯欧洲部分在内的东欧地区,技术可采资源量为 0.12×10^{12} t,占比 19%;亚太地区可采资源量为 0.11×10^{12} t,占全球的 18%(图 1-1)。美国页岩油资源量最大,约为 0.15×10^{12} t,约占全球总量的 21%;排名第二的国家是俄罗斯,页岩油资源量约为 0.10×10^{12} t,约占全球 15%;中国排名全球第三,页岩油资源量约为 0.04×10^{12} t,约占全球的 6%(图 1-2)。

2000 年以来,随着水平井和分段压裂技术在页岩油勘探开发中的探索应用,美国先后实现了对 Bakken,Eagle Ford,Permian,Niobrara,Anadarko 等多个层系页岩油的商业开发。2020 年,美国页岩油产量达 3.5×10^9 t,占其石油总产量的 50% 以上,石油年产量超过沙特阿拉伯,位居世界第一。页岩油生产直接使美国从石油净进口国变成了石油净出口国。美国通过"页岩油革命",初步实现了1973年尼克松政府提出的"能源独立"目标,重塑了世界石油市场格局。此外,加拿大的页岩油产量也在不断增加,但中国和其他国家(如俄罗斯、阿根廷等)对页岩油的开发仍然处于起步阶段。

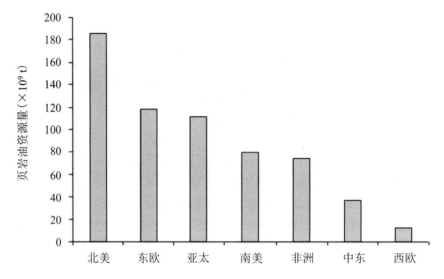

图 1-1 世界各大区页岩油技术可采资源量(据包书景等,2023)

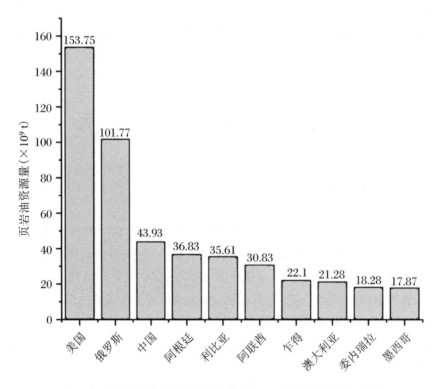

图 1-2 全球页岩油资源量分布(数据引自中国地质调查局,2022)

从分布上来看,全球页岩油以北美洲、南美洲、北非和俄罗斯最为富集,亚洲和大洋洲次之;从盆地类型来看,页岩油分布盆地类型主要为前陆盆地,克拉通盆地、大陆裂谷盆地次之,被动陆缘盆地和弧前/弧后盆地相对较少;从层系分布特征来看,全球页岩油主要分布在侏罗系、古近系-新近系、白垩系和泥盆系四套层系中,78%的页岩油发育在海相沉积的页岩层系中,陆相沉积页岩层系主要发育在亚洲地区,其中前陆盆地中的页岩油发育地层时代以中-新生代为主,克拉通盆地以古生代为主,大陆裂谷盆地和被动陆缘盆地以中生代为主,而弧后盆地则以新生代为主。中国页岩油发育在三角洲前缘半深湖陆相沉积体系内,不同盆地分布差异较大,西部盆地页岩油主要分布在晚古生代和中生代的挤压凹陷内,东部盆地页岩油主要分布在新生代拉张凹陷内。

1.2.2 美国页岩油开发现状

美国是世界上最早实现页岩油商业开发的国家,也是目前页岩油产量最高的国家。美国页岩油的概念较为宽泛,泛指蕴藏在页岩、致密砂岩、碳酸盐岩等地层中的石油资源,即广义页岩油。美国页岩油的勘探始于 20 世纪 50 年代的威利斯顿盆地 Bakken 区带,到 20 世纪 90 年代,随着水力压裂和水平井技术的不断成熟,页岩油开发才逐步开始,但很长时间内并没有形成规模产能。2006 年位于墨西哥湾盆地西部的 Eagle Ford 区带开始生产页岩油,2007 年通过水平井分段压裂等手段,Bakken 区带页岩油年产量超过 2.0×10^5 桶,页岩油生产开始进入规模化商业开发阶段。2010 年后美国页岩油生产进入快速增长阶段,仅用 8 年时间产量就增长了十多倍,部分时期增产每天超过百万桶(相当于年增产 0.5×10^9 t),创造了史无前例的增长速度。二叠盆地是近几年美国页岩油产量增长最快的地区,也是唯一在2015 年下半年油价暴跌时仍然保持页岩油产量增长的地区,目前也是美国页岩油勘探开发的热点地区。

美国页岩层系分布广泛,富含页岩油气资源,大部分页岩层系都是油气同产。页岩油资源主要分布于威利斯顿盆地 Bakken 区带;墨西哥湾盆地 Eagle Ford 区带;二叠盆地 Bonespring,Wolfcamp 和 Spraberry 区带;丹佛盆地 Niobrara 区带;阿巴拉契亚盆地 Utica区带;阿纳达科盆地 Woodford 区带等。其中,威利斯顿盆地 Bakken 区带、墨西哥湾盆地 Eagle Ford 区带和二叠盆地是近年来美国页岩油勘探开发的热点地区。威利斯顿盆地 Bakken 区带是美国页岩油商业开发的发源地,目前是美国第二大页岩油产区。Bakken 区带的页岩油主要来自上泥盆统—下石炭统 Bakken 组,纵向上可分为上、中、下三段,呈典型的"三明治"结构:其中,中段厚 15.25~55.72 m,孔隙度为 8%~12%,是 Bakken 区带页岩油的主力产层;上段和下段黑色泥岩有机质类型为 I 型,镜质体反射率 R_o 为 0.60%~0.90%,大部分地区至今仍处于生油高峰期,由于富含光合绿硫菌等特殊生烃母质,生成的原油油质很轻(大于 50API);此外,Bakken 区带地层发育超压,是控制该区页岩油高产的重要因素之一。

墨西哥湾盆地 Eagle Ford 区带页岩油主要产自上白垩统 Eagle Ford 组富有机质海相页岩。Eagle Ford 组页岩在墨西哥湾盆地西部的大部分地区发育,平均厚度为 76.20 m,页岩矿物成分中含有大量的碳酸盐,钙质含量为 29%~50%,泥质含量为 15%~30%,硅质含量为 10%～29%，页岩脆性较强，有利于水力压裂。Eagle Ford 组页岩可分为上、下两段，下段富有机质钙质泥岩是主要的勘探目的层，向东北部 San Marcos 隆起逐渐变化为硅质含量较高的 Pepper 组页岩，其内不连续的低渗砂岩是 Eagle Ford 区带页岩油主要的勘探目的层。由于 Eagle Ford 组页岩埋深变化很大，镜质体反射率为 0.55%～1.50%，远高于 Bakken 组页岩的成熟度，其油气分布平面分带性明显，从西北到东南形成黑油、湿气/凝析油和干气三个类型的烃类成熟度窗口，气油比逐渐变高。部分学者认为，目前 Eagle Ford 区带的页岩油产量主要来自镜质体反射率为 1.10%～1.30% 的区域，主要类型是与湿气伴生的轻质油和凝析油。此外，北部的黑油区也正在勘探开发。

二叠盆地位于得克萨斯州和新墨西哥州，发育于中石炭世的开阔海域。现今的二叠盆地主要由三个构造单元组成，即特拉华盆地、中央台地和米德兰盆地，纵向上拥有多套页岩油层系，如全盆分布的二叠系 Wolfcamp 组、特拉华盆地的 Bonespring 组和米德兰盆地的 Spraberry 组，其中 Wolfcamp 组潜力最大。近期 Wolfcamp 组的页岩油产量快速增长，已成为二叠盆地页岩油的主力来源。Wolfcamp 组为一套复杂的地层单元，在盆地边缘主要为富有机质页岩和泥质碳酸盐岩，由上到下分为 A，B，C，D 四段，其中 A 段和 B 段是页岩油的主要钻探目的层，有利目的层厚度大于 305.8 m，孔隙度 5%～8%，总有机碳含量 1.0%～8.0%。Wolfcamp 组页岩油主要源于海相 II 型干酪根，部分产自 III 型干酪根。二叠盆地多套烃源岩目前均处于生油阶段，Wolfcamp 组处于生油高峰期，典型井的气油比可超过 0～12 000，大部分地区为油气同出的凝析油气。二叠盆地既有通过侧向运移和垂向运移向上覆常规储集层供油的良好条件，又有向相邻致密储集层供油和原位页岩油富集的物质基础，展现了该地区巨大的资源潜力。

2009 年以来，美国原油（包括凝析油）的探明储量持续稳步增加（图 1-3），上升趋势一直持续到 2015 年，当时原油价格出现大幅下跌；从 2016 年一直到 2019 年底，随着原油价格的回升，原油探明储量再次呈现上升趋势。据 EIA（美国能源信息署）2021 年 1 月公布的数据，2019 年美国原油的探明储量为 5.71×10^{11} 桶，约合 6.5×10^{10} t，与 2018 年基本持平。据美

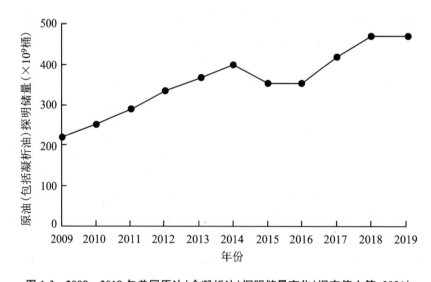

图 1-3　2009—2019 年美国原油（含凝析油）探明储量变化（据李倩文等，2021）

国能源信息署统计,截至 2019 年 12 月 31 日,7 个主要的页岩油区占据了美国原油(包括凝析油)总探明储量的 59.3%。其中,得克萨斯州的原油探明储量遥遥领先其他州(表 1-1),2019 年探明储量约 1.98×10^{11} 桶,比 2018 年增加约 2.0×10^9 桶,大部分增加的储量都来自二叠盆地,包括 Wolfcamp,Bonespring 和 Spraberry 区带。北达科他州是威利斯顿盆地 Bakken 组页岩的核心发育区,2019 年原油探明储量处于第二位,与 2018 年持平。位于得克萨斯州的墨西哥湾盆地 Eagle Ford 区带排名第三,2019 年页岩油探明储量为 5.3×10^{10} 桶。

表 1-1　2018—2019 年美国主要页岩油区探明储量(据李倩文等,2021)

盆　地	2018 年探明储量 (×10⁶ 桶)	2019 年探明储量 (×10⁶ 桶)	2018—2019 年探明 储量变化(×10⁶ 桶)
二叠盆地	11 096	11 994	898
威利斯顿盆地	5 862	5 845	−17
墨西哥湾盆地	4 734	4 297	−437
阿纳达科盆地	560	524	−36
阿巴拉契亚盆地	345	326	−19
丹佛盆地	317	235	−82
福特沃斯盆地	20	19	−1
合计	22 934	23 250	306

数据来源:EIA,2018—2019 年美国国内油气储量报告。

页岩油勘探开发技术的进步驱动了美国原油产量快速增长,据 EIA 发布的 2021 年世界能源展望统计,2020 年美国原油总产量为 5.75×10^9 t,其中页岩油产量为 3.78×10^9 t,约占原油总产量的 66%(图 1-4)。2020 年美国页岩油产量主要产自 Spraberry,Wolfcamp,Bakken 和 Eagle Ford 区带,分别占 2020 年美国页岩油总产量的 23%,22%,16% 和 15%(图 1-5)。从盆地范围来看,二叠盆地的页岩油产量贡献最大,占总产量的 53%,主要产自二叠盆地的 Spraberry,Wolfcamp 和 Bonespring 区带。阿巴拉契亚地区、得克萨斯州及其周边地层的页岩油产量也在持续增长。2020 年上半年受新冠肺炎疫情影响,各区带页岩油产量总体呈下降趋势,目前正在恢复中。

迄今,全球大规模商业开发的页岩油还仅限于美国海相地层的凝析油或高含气的挥发油,这类页岩具有高脆性和高孔隙度的特点,产出的页岩油成熟度高、黏度低。美国页岩油的成功开发引起其他产油国的高度重视,并竞相模仿其页岩油气开发模式。当前,中国在相关政策的引领下,正在如火如荼地开展页岩油勘探开发。尽管已经在多个领域和层系取得了勘探突破,但我国页岩油沉积环境和赋存特点与北美有很大差别,故离大规模商业开发还有很长的一段路要走。

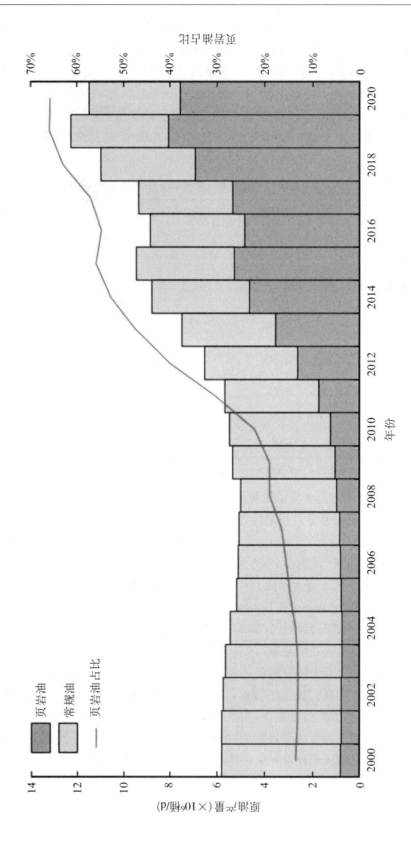

图1-4 2000—2020年美国页岩油产量变化(据李倩文等，2021)

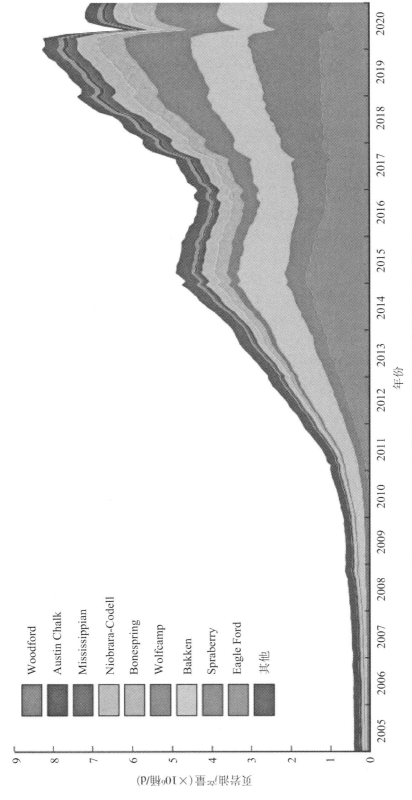

图1-5 2005—2020 年美国重点区带页岩油产量变化(据李倩文等，2021)

1.2.3　国内页岩油开发现状

经过长期的技术攻关,我国页岩油开发在理论研究、技术攻关和勘探生产方面均取得了重大突破。我国对松辽盆地、鄂尔多斯盆地、准噶尔盆地和渤海湾盆地的页岩油勘探和科研也都取得了明显进步。经初步预测,我国页岩油资源潜力大,是潜在的石油资源接替领域。据不同学者或机构初步估算,中国页岩油地质资源量为 $1.0 \times 10^{11} \sim 3.72 \times 10^{12}$ t,可采资源量为 $3.0 \times 10^{10} \sim 9.0 \times 10^{11}$ t(表 1-2),主要分布在鄂尔多斯盆地、松辽盆地、准噶尔盆地、渤海湾盆地和四川盆地。在页岩油分类方面,宁方兴根据页岩油的赋存空间和赋存岩石类型,将页岩油划分为泥页岩型和夹层型两种;其中,泥页岩型页岩油划分为基质型和裂缝型两个亚类,夹层型页岩油划分为砂岩夹层型和碳酸盐岩夹层型两个亚类。付金华等根据沉积相带和岩性组合,将页岩油划分为夹层型和页岩型两大类;其中夹层型分为重力流型和三角洲前缘型两个亚类;页岩型分为纹层型和页理型两个亚类。张金川等根据成因机理、原油物性、埋藏深度以及可采条件等,将页岩油划分为(含)页岩油和与页岩气共生、伴生的页岩油两类。杜金虎等按页岩层系热演化程度,将中国陆相页岩油分为中高成熟度页岩油和中低成熟度页岩油两大类。赵文智等依据有机质丰度和成熟度这两个参数,将陆相页岩油划分为中低成熟度页岩油和中高成熟度页岩油两大类型。

表 1-2　不同学者或机构对中国页岩油资源评价结果

页岩油地质资源量($\times 10^9$ t)	页岩油技术可采资源量($\times 10^9$ t)	R_o	来　源
100		>1.0%	赵文智等(2020)
	700~900	<1.0%	
3 722		>0.5%	金之韵等(2019)
200		>1.0%	杜金虎等(2019)
	>100	>0.5%	李玉喜等(2011)
	53.7		EIA(2015)
	30~60		邹才能等(2013)

在页岩油资源评价方法研究方面现状如下:

首先,夹层页岩油(其中的泥页岩不是储层)资源评价方法主要为容积法,这部分评价方法与致密油的容积法相似,这里不再赘述。

其次,纯页岩油(泥页岩为储层)资源评价方法主要采用体积法。MODICA 等提出了有机孔模型,并用于评价美国粉河盆地 Mowry 页岩油;CHEN 等提出了改进的有机孔计算方法,并评价了西加拿大盆地 Duvernay 组页岩油;杨维磊等通过研究页岩孔隙度分布,采用容积法评价了鄂尔多斯盆地安塞地区延长组页岩油;薛海涛等对松辽盆地青山口组泥页岩氯仿沥青"A"含量进行了校正,对游离烃(S_1)的含量进行了补偿校正,进而评价页岩油;余涛等利用页岩 S_1 含量,对东营凹陷沙河街组页岩油进行评价,预测了页岩油有利分布区;朱日房等分别运用氯仿沥青"A"含量和热解 S_1 含量,对东营凹陷沙三段页岩油总资源量和可动资源量进行了评价。

我国对页岩油的调查勘查起步较晚,目前尚处于勘查开发探索阶段。2006 年以前,油气公司(即中国石油天然气集团有限公司)在松辽、渤海湾等盆地的常规油气勘探过程中,多口钻井在烃源岩层系钻遇强烈油气显示,但由于传统油气成藏理论的束缚,将其划为泥页岩裂缝油藏,而未能引起重视。2008 年以来,受美国页岩油快速发展影响,自然资源部、中国石油(即中国石油天然气集团有限公司)和中国石化(即中国石油化工集团有限公司)组织开展了页岩油资源评价,早期选区评价及钻探井试验:如 2010 年中国石化胜利油田分公司部署的 L69 井全段取心并获取关键参数,推动了该油田页岩油勘探开发进程;泌阳凹陷的 AS1 井、BYHF1 井通过大型压裂获得产出,初产产量较高但产量下降较快;四川盆地、三塘湖盆地等多口钻井通过水力压裂改造获得页岩油流,但单井日产量较低,稳产时间较短。2015 年以来,通过加强对陆相页岩油赋存机理和分布规律的地质理论研究、地球物理"甜点"识别预测技术、针对性水平井钻完井技术及复杂缝网体积压裂技术攻关,页岩油勘探开发快速发展。尤其是近年来,中国地质调查局和有关油气企业加大了页岩油勘查投入力度,接连取得多盆地多层系页岩油重大突破,为我国陆相页岩油大规模商业开发奠定了坚实基础。

我国陆相页岩油勘探虽然起步晚,但发展快,目前探明的主要分布在鄂尔多斯、松辽、准噶尔、四川、渤海湾 5 个大型盆地和柴达木、江汉、苏北等 9 个中小型盆地,其中陆域盆地 13 个,海域盆地 1 个;在层系分布上,主要分布在中下二叠统、上三叠统、始新统等 8 个层系。

近年来,我国陆相页岩油勘探主要在鄂尔多斯盆地三叠系延长组、松辽盆地白垩系青山口组、准噶尔盆地二叠系芦草沟组、渤海湾盆地古近系沙河街组和孔店组、四川盆地侏罗系凉高山组和自流井组、柴达木盆地古近系干柴沟组、苏北盆地古近系阜宁组、南海北部湾盆地(海域)涠西南凹陷古近系流沙港组等 8 个盆地、5 个层系、10 个层组取得重大突破与进展。

鄂尔多斯盆地延长组页岩油有利勘探面积为 $1.2 \times 10^4 \ km^2$。中国石油在陇东地区探明了我国第一个超 $1.0 \times 10^{10} \ t$ 页岩油大油田——庆城油田,评价资源量 $3.5 \times 10^{10} \ t$,累计落实地质储量 $1.837 \times 10^{10} \ t$,探明地质储量 $1.153 \times 10^{10} \ t$,建成陇东百万吨整装国家示范基地。目前,已完钻水平井 505 口,投产水平井 383 口,平均初始日产油超过 15 t,2021 年页岩油产量达到 $1.337 \times 10^6 \ t$,其中,城页 1 井、黄 15H2 井、岭页 1 井测试生产分别获日产 121.38 t、138.21 t 和 116.8 t 高产工业油流。2022 年,新获工业油流井 13 口,预计新增探明储量 $8.5 \times 10^7 \ t$。预计"十四五"规划末,庆城油田页岩油产能将超过 $5.0 \times 10^6 \ t$,产量超 $3.0 \times 10^6 \ t$。此外,延长石油在伊陕斜坡多口探井获工业页岩油流,其中,吴页平 1 井、罗探平 19 井、富探平 1 井初始日产油分别为 163 t,91 t 和 27 t,落实了定边、吴起、志丹、富县、下寺湾 5 个页岩油规模发育区,累计落实地质储量 $1.92 \times 10^9 \ t$,探明地质储量 $6.6 \times 10^9 \ t$。

2016 年以来,中国地质调查局联合大庆油田实施了松辽盆地陆相页岩油科技攻坚战,针对青山口组部署实施的 7 口钻井均获工业油气流,其中,松辽盆地北部松页油 1HF 井、松页油 2HF 井日产页岩油分别为 $15.37 \ m^3$ 和 $10.06 \ m^3$,松辽盆地南部吉页油 1HF 井日产页岩油 $16.5 \ m^3$,青山口组页岩油的成功开采刺激和促进了松辽盆地的页岩油勘查。近年来,中国石油依靠科技进步加强页岩油勘探,部署钻探的古页油平 1、英页 1H、古页 2HC 等重点探井均获日产油 $35 \ m^3$ 以上高产且试采稳定,其中古页油平 1 井生产超 500 天,累产油气当量近万吨,在古龙凹陷已有 53 口直井出油、5 口水平井获高产,落实了含油面积 1 513 km²,青山口组新增石油预测地质储量 1.268×10^{10} t,实现了松辽盆地陆相页岩油重大战略性突破,大庆古龙陆相页岩油国家级示范区建设启动。

中国石化按照"直斜井试油侦察、水平井专探突破"的思路,在济阳坳陷组织实施沙河街组页岩油勘探。牛斜 55、义页平 1 等 37 口井试采获得工业油流,樊页平 1、牛页 1-1 等 6 口井日产超过 100 t,初步测算该地区页岩油资源量超过 5.0×10^{10} t,2021 年首批上报预测地质储量达 5.58×10^9 t,成为我国首个陆相断陷湖盆页岩油国家级示范区。预计到"十四五"规划末,新建产能 1.0×10^6 t,年产页岩油当量 5.0×10^5 t。中国石油黄骅坳陷 2021 年页岩油产量突破 1.0×10^5 t,已形成页岩油开发示范区。沧东凹陷孔二段接连获得 5 口日产超百吨高产井,最高日产达 208 m³;累计投产井 35 口,平均单井日产油 10.3 t,预计全年产油 8.0×10^4 t。近期,沧东凹陷 5 号平台已正式投入生产,9 口页岩油井日产能力稳定在 280 t 左右,整体形成 1.0×10^5 t 年生产能力,标志着我国首个 1.0×10^5 t 级陆相页岩油效益开发示范平台在大港油田建成投产。歧口凹陷沙河街组歧页 10-1-1 井、歧页 1H 井分别试获日产 115.2 m³,51.2 t 高产工业油流,开辟了渤海湾盆地页岩油勘探开发新格局。

中国石油积极推进地质工程一体化攻关与开发先导试验。2021 年,在吉木萨尔芦草沟组累计落实页岩油地质储量超 5.0×10^9 t。继吉 25 井页岩油勘探突破后,吉 175 等多口井获高产稳产工业油流,完钻水平井 187 口,平均单井日产油 15.7 t,建成产能 1.35×10^6 t,2021 年产油 5.0×10^5 t,2022 年上半年产油 2.26×10^5 t。中国地质调查局在博格达山前带实施钻探的博参 1 井在芦草沟组发现良好页岩油显示,油迹 62.55 m/25 层,油斑 66.22 m/19 层,富含油 18.91 m/11 层,该重要发现为山前带油气勘查指明了新方向。

四川盆地侏罗系发育自流井组东岳庙段、大安寨段和凉高山组三套富有机质页岩,中国石化在川东南针对凉高山组部署的泰页 1 井水平井测试日产油 58.9 m³、气 7.35×10^4 m³,累计试采 53 天累产油 1 208 m³、气 1.65×10^6 m³;针对东岳庙段部署的涪页 10 井试获日产油 17.6 m³、气 5.58×10^4 m³。中国石油在川东北平昌构造带部署的平安 1 井试获日产油 112.8 m³、气 1.155×10^5 m³ 的高产页岩油气流,拓展了四川盆地油气勘探新层系新类型。

柴达木盆地英雄岭构造带位于柴西富烃凹陷内,发育古近系下干柴沟组厚层富有机质页岩。中国石油针对下干柴沟组 Ⅱ 油组钻探的柴 9 井测试日产油 121.12 m³、气 5.0×10^4 m³,实现了柴达木盆地页岩油勘探重大突破。目前已投产的 7 口探井,单井平均日产油 28.7 t,预测单井 EUR 预计 $3.0 \times 10^4 \sim 5.3 \times 10^4$ t,新增地质储量 3.923×10^7 t,建成产能 5.55×10^4 t;2021 年针对下干柴沟组 Ⅲ-Ⅵ 油部署 15 口探井,完钻试油 5 口 5 层,均获工业油流,展现出源内大面积、多层段整体含油的特征。截至目前,1.0×10^5 t 页岩油先导试验平台 8 口钻井全部完钻。

中国石化江苏油田按照"常规与非常规油气兼探"的思路,在苏北盆地溱潼凹陷部署实施的常规油气风险探井沙垛 1 井在阜宁组试获日产油 51 t,已累计产油 1.1×10^4 t,预测单井 EUR 2.23×10^4 t;溱页 1HF 井、帅方 3-7HF 井分别试获日产油 55 t 和 20 t,初步落实页岩油有利区面积 520 km²,提交预测地质储量 3.186×10^7 t。2022 年,花 2 侧 HF 井获日产油超 30 t,天然气超 1 500 m³ 的突破,标志着高邮、金湖凹陷 1.1×10^{10} t 页岩油资源将被激活。

2022 年,位于南海北部湾盆地我国海上首口页岩油探井——WY-1 井压裂测试成功,日产原油 20 m³、天然气 1 589 m³,标志着我国海上页岩油勘探取得重大突破。据预测,北部湾盆地页岩油资源量约 $1.2×10^{10}$ t,其中涠西南凹陷页岩油资源量达 $8.0×10^{9}$ t,展现了我国海域良好的页岩油勘探前景。WY-1 井的突破,实现了我国海上页岩油气资源勘探开发装备和技术的"本土化",拉开了海上非常规油气勘探开发的序幕。

基于已探明油气储藏的前提,如何将其生产出来是最大的技术难点,而钻进技术是攻克这项困难的重要一环。

1.3　海洋石油钻井发展

海洋拥有丰富的资源,石油资源就是其中的一种。随着全球能源危机的逐步加深,更多的国家开始将石油开发阵地从陆地转移到海洋,海洋石油开发项目日益增多,使海洋石油钻井技术受到极大关注。经过多年发展,我国海洋石油产业发展迅速,成果显著。2010—2015 年,我国新增海上石油钻井平台 70 多座、海上油田 30 多个,与海洋石油工程相关设备的需求量及技术含量也在不断增加。可见,我国海洋石油行业发展良好,发展前景远大,但这一切都需要以先进的海洋石油钻井技术为支撑。为此,应当了解当前我国海洋石油钻井技术的发展现状及发展趋势,加大相关研究,突破技术难点,不断提升我国海洋石油钻井技术水平。

1.3.1　钻井技术

国外海洋石油钻井技术发展已有上百年时间,而深海石油钻井技术研发最早开始于 20 世纪 80 年代。世界范围内的海洋石油钻井技术快速发展,水平突飞猛进,而我国海洋石油钻井技术通过先进技术引进及自主研发也有了很大程度的提高。

2002 年以前,我国南海深水油气资源的开发几乎是一片空白,只能向拥有成熟经验的国际能源巨头寻求合作。然而,国际能源巨头们在南海北部深海区整整勘探了 8 年,因未获任何商业发现而纷纷放弃勘探权益。中国南海高温、高压领域天然气勘探也因此成为全球油气行业内公认的世界级难题。最终,中国技术团队用 3 年时间掌握了全套深水勘探开发的核心技术,实现了 30 年的技术跨越,钻成了"国际巨头"们不曾钻通的井,打破了国外石油公司的技术垄断,站到了世界同行的前列,使中国成为了全球第二个具备独立开发海上高温、高压油气资源的国家。

现在,我国海洋石油钻井技术发展态势良好,特别是深海石油钻井方面的核心技术很多,如深水位定位系统、深水位双梯度钻井技术、深度水位钻井设备、大幅度位移井和分支水平钻井技术、随钻测井技术、随钻环空压力监测、动态压井钻井技术、喷射下导管技术等,特别是顶驱、铁钻工、司钻控制台、双井架交叉作业等技术已经非常成熟。单就深海石油钻井而言,深度水位石油钻井技术的科技含量较高,但这种技术在应用前需要投入大量资金,工程造价较高。尽管如此,其依然以独特的技术优势广泛应用于我国海洋石油钻井工程。当前,深水位随钻测井技术、井下闭环钻井技术、喷射钻井技术、深水位双梯度钻井技术等在我国海洋石油钻井工程中应用较多,生产技术已经达到国际先进水平。

1.3.2　钻井创新突破

相关数据表明,我国海上首口页岩油探井——WY-1 井压裂测试成功并获商业油流,标志着我国海上页岩油勘探取得重大突破。

WY-1 井位于南海北部湾海域涠西南凹陷,日产原油 20 m³、天然气 1 589 m³ 且产能稳定。据测算,涠西南凹陷页岩油资源量达 8.0×10^9 t,整个北部湾盆地页岩油资源量约 1.2×10^{10} t,展现了良好的勘探前景。

页岩油主要指分布在页岩地层孔隙中的石油资源,是典型的非常规油气,也是常规油气的战略性接替领域。与常规油气相比,页岩油的藏油孔隙小到纳米级,采出难度极大。近年来,随着老油田常规油气开发步入中后期,中国海油将非常规油气勘探开发作为资源接替和稳产增产的重要方向。据相关人员介绍,在攻关过程中,采用创新“常规与非常规一体化”勘探思路,反复研究涠西南页岩油地质油藏特征,多轮论证工程及压裂可行性,最终优选含油性、可压裂改造性较好的目标区,部署 WY-1 井。

针对目标区压裂层砂质条带的地质特点,项目团队采用“高低黏一体化海水基变黏压裂体系＋限流射孔＋控压返排”特殊压裂工艺释放产能,相继完成了互层型、夹层型两种类型页岩油段测试作业,均获得商业发现。

海上首口页岩油探井的成功是海上油气勘探的一个重大突破,实现了用我们自己的装备和技术自主勘探开发我国海上页岩油气资源,拉开了海上非常规油气勘探开发的序幕,资源潜力巨大,为把能源的饭碗牢牢端在自己手里夯实了资源基础。

随着钻井技术的突破创新和钻井平台的建设,我国海上首口页岩油探井——WY-1 井压裂测试成功并获商业油流,标志着我国海上页岩油勘探取得重大突破,笔者相信随着海洋石油钻井的技术突破和建设,相关工程人员必将以更科学、高效、安全和低碳的方式开采出更多海洋油气资源,为各行各业注入新的动力,福泽千家万户。

1.4　页岩油储层表征手段及研究进展

美国对页岩资源的勘探和开采最早可追溯到 1821 年。北美对页岩气开发的成功在全世界范围内掀起了页岩油勘探开发的热潮,但是页岩油的勘探开发存在较多不同于常规储藏的技术难题,其中重要的一点就是对页岩储层中的微米到纳米级复杂的孔隙结构特征的认识不足。因此近年来国内外众多学者对泥页岩孔隙结构展开了大量的研究(表 1-3)。

2009 年,F. P. Wang 和 R. M. Reed 等通过高分辨率扫描电镜(SEM)对岩心进行了观察,研究发现,页岩储层的孔隙尺度不仅远远小于常规储层,而且内部孔隙类型复杂多样。

2010 年,M. E. Cutis 等通过 FIB/SEM 等技术观察了来自 9 个不同地层的岩心,认识到岩样的微观结构十分复杂,主要有不同含量的石英、黏土、干酪根和碳酸盐岩以及少量的硫铁矿和干酪根。

表 1-3 国内外页岩油相关研究现状

研究内容	研究方向	研究方法	研究进度
页岩储集特性	页岩岩性及储集空间	综合应用 X 射线衍射	对页岩主要成分研究较多,对含量较高且对页岩孔隙保存起着重要作用的脆性矿物尚未详细探究
	页岩孔隙结构	射线探测法流体注入法	可做针对性的孔隙研究,也可综合应用多种实验方法进行全尺度孔径表征
页岩油赋存规律	赋存状态及相应的流-固作用机理	分段热解法溶剂分步萃取法、吸附滞留实验法	对含量较高对页岩孔隙保存起着重要作用的脆性矿物尚未详细探究
页岩油可流动性	页岩油流动规律	核磁共振技术结合离心分析	目前国内外对页岩油流动规律鲜有研究,尚未有效揭示页岩油流动规律

在不同岩样中变化很大,但在 Barnett,Wood Ford 和 Horn River 等页岩的干酪根含有大量有机孔隙;相反在 Haynesville 页岩中却发现少量有机质孔和大量的硅酸盐孔;Eagle Ford 页岩中既含有有机质孔又含有硅酸盐孔,同时发现孔隙度与硫铁矿含量存在一定相关性。2010 年,C. H. Sondergeld 等提出了 SEM 方法的改进,通过对岩石表面的离子磨削获得高精度成像。2011 年,M. E. Curtis 和 J. A. Ray 等运用 SEM 技术观察了 Barnett,Wood Ford,Horn River 和 Haynesville 页岩岩样的纳米孔隙,在 Barnett, Wood Ford, Horn River 页岩中观察到了干酪根中的内部孔隙结构。Barnett 页岩中干酪根的内部孔隙结构表现出类似海绵状构造。Haynesville 页岩岩样图像显示其中有大量的硅酸盐孔。2012 年 Baojun Baif 等通过对页岩样品进行 200 张连续的 SEM 图像切片,堆叠重建了泥页岩样品的 3D 模型,并且用亚微米孔隙模型得出了样品的岩石物理参数如孔隙度、渗透率和弯曲度。2013 年 L. M. Anovitz 等发现使用 X 射线或中子束照射样品会发生散射现象,基于这一原理可通过小角度散射技术获取储层孔隙结构特征。通过核磁共振与气体吸附/高压压汞/CT 技术结合的方法亦可以系统获得孔隙结构,主要通过比较前者获取的 T_2 分布和后者获取的孔径分布确定表面弛豫率,将核磁共振实验中获得的 T_2 谱转化为孔隙半径。

聚焦离子束扫描电镜(FIB-SEM)是另外一种在扫描电镜下半定量分析孔隙结构的方法,采用离子束逐层切割样品的方法,可获取样品内部的孔隙结构特征,结合图像处理软件可进一步分析孔隙三维空间展布,并定量计算孔径分布和孔隙度等参数。恒速压汞实验中压力随着汞进入喉道而增加,而当汞的弯液面从喉道进入更宽的孔隙时,压力瞬间降低。通过这种压力波动可区分孔隙和喉道,并得到与孔喉配置关系和连通性有关的参数,例如孔隙汞饱和度、喉道汞饱和度和孔喉比等。吴松涛等使用铸体薄片、扫描电镜、高压压汞、核磁共振和微米 CT 技术评价了华庆地区长 6 段致密砂岩储层孔隙结构和可动流体。冯越等使用薄片、扫描电镜、高压压汞和核磁共振分析了胜北洼陷致密油储层孔隙结构特征及其控制因素。

1.4.1 孔隙结构表征研究进展

目前国内外的研究人员在页岩孔隙特征方面已经做了大量研究,其中包括定性的孔隙结构观察、定量的孔隙分布以及孔隙度的测试等,多种研究方法的共同运用,为解决页岩孔隙研究的相关问题和困难提供了有效思路。

页岩油主要是以吸附态和游离态赋存在干酪根、黏土矿物表面和孔裂隙中,而页岩的孔隙和裂缝小到纳米级别,大到微米级别。油页岩具有自生自储的特性,页岩的孔裂隙特征和结构的连通性直接影响原油的赋存状态和流动性,进行页岩孔裂隙结构联合表征对原油的勘探和开采至关重要。

1.4.1.1 孔隙结构定性-半定量表征手段

从定性观察来看成像效果,可分为二维成像技术和三维成像技术。二维成像技术包括光学显微镜、扫描电子显微镜(SEM)、原子力显微镜(AFM)和氦离子显微镜(HIM)。三维成像技术包括聚焦离子束扫描电子显微镜和微纳米 CT 等手段,均可直观描述页岩孔隙的大小、几何形态、连通性和充填情况,统计孔隙优势方向和密度,且多是以拍摄照片为主的定性分析。

1. 二维成像技术

扫描电子显微镜能够对页岩样品进行高分辨率二维成像,具有样品制备简单、放大倍数高且成像速度快的优点,并且能够搭载其他装置,如常用的 X 射线能谱仪,使得在进行扫描电镜成像实验时还可以同时进行显微组分观察和微区成分分析,是目前页岩微观孔隙结构研究中最常用和不可或缺的实验技术。原子力显微镜是高分辨率显微镜的另一个重要分支,工作原理与电子显微镜有着本质的区别,它是通过检测待测样品表面和一个微型力敏感元件之间极微弱的原子间相互作用力来研究物质的表面结构及性质的。因其在成像细节上与扫描电子显微镜有一定的差异,常作为扫描电子显微镜的有力补充,也是页岩表面二维成像的有力手段(图 1-6、图 1-7)。

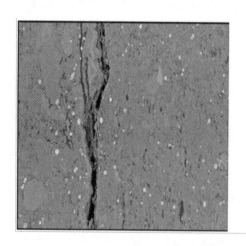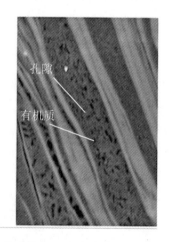

图 1-6　高分辨率扫描电镜成像

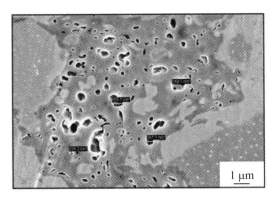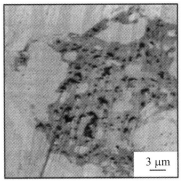

图 1-7　页岩 SEM 和 AFM 原位分析图像

2. 三维成像技术

页岩孔隙大多为微米-纳米级,目前用于页岩三维成像的技术主要有两种:一种是聚焦离子束+扫描电镜(FIB-SEM)的三维成像,这种方法的优点是因基于扫描电镜成像,所以,图像分辨率较高,但是得到的视域较小,最多数十微米,并且测试周期较长及对样品有损,导致实验样品无法重复使用。另一种方法是基于 X 射线显微镜研发的纳米 CT,利用 X 射线对样品进行断层扫描,将投影图像重构成序列二维截面图像,再利用二维截面图像重构样品三维数字图像,这种方法最大的优点就是测试过程中样品是无损的,可以反复使用,同时能够得到 50 nm 左右的分辨率,视野可以在 15~60 μm 之间切换。相较于 FIB-SEM,纳米 CT的适用性更广。

1.4.1.2　孔隙结构定量表征手段

传统的光学显微镜和 X 射线透射电镜扫描成图基本上可以满足对页岩微观尺度下的孔隙研究,其最大特点是可以在一定尺度内直观还原和反映出物质和裂隙的微观形貌,表征出孔裂隙连通性,但很难获取页岩微观裂隙的物性参数,流体注入实验正好可以弥补这一缺点。流体注入实验操作简单,对实验设备要求不高,可以获取到比较全面的孔隙结构参数,是现如今在岩石微观孔隙表征中应用最广的实验方法。根据不同流体和实验方法的特性,可将微观孔隙尺度分为多个区段,各区段对应不同的实验方法(表 1-4),通过观察吸附特征和分形分析,定量表征孔隙结构参数和孔隙分布情况。

表 1-4　多尺度下的流体注入法

孔径尺度	实 验 方 法	实 验 特 性
>50 nm	高压压汞测试	应用广、检测范围大
2~50 nm	低温氮气吸附测试	常用于介孔、宏孔
<2 nm	低温二氧化碳吸附测试	吸附饱满、测试微孔

1. 气体吸附法

气体吸附法主要包括氮气吸附法和二氧化碳吸附法。氮气吸附法的具体原理为:采用氮气(N_2)为吸附质气体,恒温下逐步升高气体分压,测定页岩样品对其相应的吸附量,由吸附量对分压作图,可得到页岩样品的吸附等温线;反过来逐步降低分压,测定相应的脱附量,由脱附量对分压作图,则可得到对应的脱附等温线。页岩的孔隙体积由气体吸附质在沸点温度下的吸附量计算。在沸点温度下,当相对压力为 1 或接近于 1 时,页岩的微孔和中孔一般可因毛细管凝聚作用而被液化的吸附质充满。根据毛细管凝聚原理,孔隙的尺寸越小,在沸点温度下气体凝聚所需的分压就越小。在不同分压下所吸附的吸附质液态体积对应于相应尺寸孔隙的体积,故可由孔隙体积的分布来测定孔径分布。低温(低于 $-196\ ℃$)、低压(小于 0.127 MPa)下 N_2 的等温吸附可反映介孔的分布特征,通过 BJH 方程可以计算体积分布。计算公式如下:

$$V_{pn} = \left(\frac{r_{pn}}{r_{kn} + \frac{\Delta t_n}{2}}\right)^2 \left(\Delta V_n - \Delta t_n \sum_{j-1}^{n-1} A_{cj}\right) \tag{1-1}$$

式中,V_{pn} 为孔隙容积,单位为 cm^3;

r_{pn} 为最大孔半径;

r_{kn} 为毛细管半径,单位为 cm;

V_n 为毛细管体积,单位为 cm^2;

t_n 为吸附的氮气层厚度,单位为 cm^2;

A_{cj} 为先前排空后的面积,单位为 cm^2。

2. 高压压汞法

高压压汞孔径分析是常用的储层孔喉分布测定方法,将液态汞(Hg)注入样品,注入压力与孔半径满足 Washburn 方程:

$$D = 2r = -\frac{4\sigma\cos\theta}{P} \tag{1-2}$$

式中,D 为页岩孔隙直径,单位为 cm;

r 为页岩孔隙半径,单位为 cm;

θ 为汞与页岩表面的浸润角,单位为°;

σ 为汞的表面张力,单位为 10^{-3} N/m;

P 为注入压力,单位为 Pa。

根据 Young-Duper 方程,施加压力迫使汞进入孔隙所做的功与浸没样品表面所需要的功相等,进而求得比表面积,由孔容和比表面可估算平均孔半径,压汞仪探测的最小孔径值取决于最大工作压力。页岩表面不均匀性及由此引起的液固作用会影响对表面张力和扩散系数的测定,造成孔隙分布曲线的误差。由于页岩中孔隙十分微小,汞不易进入页岩中纳米级的孔隙,且高压压汞会造成人工裂隙,影响测定结果,故高压压汞孔径分析法主要用于分析大孔范围的孔隙。由于页岩储层岩性极为致密,具有亚微米、纳米级的孔隙特征及较强的非均质性,常规的岩石物性分析方法在对页岩储层进行测试时会面临较大的困难,测试结果可能误差较大。

3. 核磁共振法

核磁共振在石油勘探及开发领域得到发展,广泛应用于测井解释及岩心分析方面。核磁共振(NMR)手段探测介质孔隙结构主要是基于弛豫时间,尤其是表面弛豫时间对孔隙结构的灵敏反应。介质孔隙的固液界面作用对核磁共振弛豫有着重要贡献,因此固液界面作用是核磁共振研究孔隙结构的物理基础。表面流体的横向弛豫比纵向弛豫更强烈。孔隙中的流体有 3 种不同的弛豫机制,分别为自由弛豫、表面弛豫和扩散弛豫,可用下式表示:

$$\frac{1}{T_1} = \frac{1}{T_{2自由}} + \frac{1}{T_{2表面}} + \frac{1}{T_{2扩散}} \tag{1-3}$$

式中,T_1 是孔隙流体的横向弛豫时间,单位为 s;

$T_{2自由}$ 是在足够大的容器中(大到容器影响可忽略不计)孔隙流体的横向弛豫时间,单位为 s;

$T_{2表面}$ 是表面弛豫引起的横向弛豫时间,单位为 s;

$T_{2扩散}$ 是磁场梯度下由扩散引起的孔隙流体的横向弛豫时间,单位为 s。

当孔隙孔径很小时,表面弛豫起着主要作用,此时 T_2 直接与孔隙大小成正比:

$$\frac{1}{T_2} \approx \frac{1}{T_{2表面}} = \rho_2 \left(\frac{S}{V}\right)_{孔隙} \tag{1-4}$$

式中,ρ_2 是 T_2 表面弛豫率;

$\dfrac{S}{V_{孔隙}}$ 是孔隙的比表面积,单位为 cm^2。

由此可见,T_2 分布图实际上反映了孔隙尺寸的分布和比表面积,即小孔隙对应短 T_2,而大孔隙所对应的 T_2 则较长。页岩内存在着不同孔径、不同形状、不同排列方式的孔隙,相应地横向弛豫时间 T_2 的分布存在差异。因此,将实验得到的岩石样品磁化强度曲线变换成 T_2 的分布曲线,就可进一步将之转换成孔隙分布曲线。

页岩中纳米到微米级孔隙与天然裂隙相互连通,共同构成了流体运移网络,是页岩储层中气体与液体的天然渗透通道。根据国际理论和应用化学学会的定义,孔隙宽度小于 2 nm 的称为微孔,孔隙宽度在 2～50 nm 的称为中孔隙或介孔,孔隙宽度大于 50 nm 的称为宏孔;另一种孔隙分类是将页岩孔隙分为微孔(<10 nm)、过渡孔(10～100 nm)、中孔(100～1 000 nm)、大孔(1 000～10 000 nm)和超大孔(>10 000 nm)等。

4. 页岩孔隙特征研究进展

近年来,许多研究者基于孔隙产状及其与岩石颗粒之间的关系,划分出了多种孔隙类型。Slattet 等基于 Barnett 和 Woodford 页岩将页岩孔隙分为有机孔隙、黏土絮体间孔隙、颗粒内孔隙、化石碎屑内孔隙、粪球粒内孔隙和微裂缝通道等。Loucks 等提出了一个把基质孔隙分成有机质孔隙、粒内孔隙和粒间孔隙 3 种基本类型的孔隙分类方案:第一种与有机质有关,后 2 种矿物基质与孔隙类型有关。钟太贤等将孔隙按大小分为裂隙、大孔、中孔、过渡孔、微孔;于炳松提出了页岩气储层孔隙的产状结构综合分类方案,分为裂缝孔隙、岩石基质孔隙、微孔隙、中孔隙和宏孔隙;陈尚斌等研究认为川南龙马溪组页岩气储集空间由超大孔、大孔、中孔、小孔和微孔组成;胡琳等根据页岩孔隙分形曲线,将下志留统龙马溪组页岩孔隙结构划分为渗透孔隙、凝聚-吸附孔隙和吸附孔隙 3 大类;聂海宽等将川南地区下古生界页岩储层微观类型分为有机质孔、矿物质孔和微裂缝 3 类,矿物质孔主要包括颗粒间孔、颗粒内孔、各种溶蚀孔和矿物比表面孔等;伍岳等基于孔隙发育位置、孔隙发育成因与岩石基质关系,将孔隙分为粒内孔、粒间孔、有机质孔和微裂缝以及黏土矿物孔、骨架矿物孔;Yang Wang 等综合利用场发射扫描电镜、高压压汞、低温气体吸附方法将页岩孔隙分为有机质孔、粒间孔隙、粒内孔隙、微裂缝 4 种类型;王香增等研究陆相页岩时将页岩储集空间分为有机质生烃孔、原生粒间孔、次生溶蚀孔、构造张裂缝及层间页理缝等多种孔缝类型。

研究表明页岩广泛发育有机质纳米孔、黏土矿物粒间孔、晶间孔和裂隙等孔隙,其中有机质纳米孔是有机质生烃或排烃时,气体发生膨胀而产生的微孔,在富有机质页岩层段内较为发育,以纳米级孔隙为主,密集分布在有机质内部,有机质孔隙在富有机质泥页岩中广泛发育,是页岩储集空间的重要贡献者。对有机质孔隙的研究有助于提高对页岩油气资源富集成藏机理的认识:一方面由于其分散性与多孔性,孔隙的复杂结构极大地增加了页岩的内表面积及孔隙体积;另一方面有机质对油气具有较强的吸附能力。研究表明,吸附态介质含量受有机质孔隙度大小直接控制,孔隙分布情况控制着页岩油气的分布,有机碳含量与页岩含油气量呈明显的正相关关系,是影响页岩油气吸附能力的主要因素。页岩黏土矿物以伊利石为主,可形成连通性较好的层状粒间孔,较高的黏土矿物含量有利于增大天然气赋存空间;页岩内部还发育有一定数量的矿物内部孔隙和粒间狭长裂隙,裂隙一般呈条带状平行分布,曲折度较小,具有较好的连通性。

纳米级页岩孔隙不仅影响到油气的吸附,对游离态气体的赋存与渗流机制也起到控制作用。由于页岩孔隙同时影响到吸附态与游离态的赋存,因而对页岩孔隙,尤其是纳米级孔隙的研究较为深入。研究表明页岩孔径分布范围较宽,阶段孔径则以微孔-介孔为主;通过直观观察,发现孔隙复杂的形态结构与连通的关系,并在孔壁上观察到次级突起,这更表明了页岩孔隙结构的复杂性。

1.4.2 原油可动性研究进展

作为一种复杂、非均质性较强的多孔介质,页岩储层既含有生烃母质又提供储集空间,是有机质(干酪根)和多种无机矿物的集合体。油气自干酪根热演化生成以后,在满足自身有机孔隙容留后运移至部分矿物粒间(内)孔隙和裂缝中(源内)。页岩孔裂隙系统是页岩油的主要富集场所,因此对页岩油可动性的评价具有重要意义。

目前主要发展了 3 类不同赋存状态页岩油实验定量评价技术:分段热解法、溶剂分步萃取法和吸附滞留实验法。分段热解和溶剂分步萃取法可定量评价原始页岩吸附、游离和互溶态油含量,而吸附滞留实验法主要用于定量评价页岩吸附油含量。分段热解和溶剂分步萃取法则反映了不同尺度孔隙、不同分子量或极性页岩油含量,而吸附滞留实验法表征了页岩矿物和有机质吸附油量,但均难以有效直接揭示页岩原始孔隙系统不同状态页岩油的赋存特征,尤其是不同赋存状态页岩油的相互转换规律。

部分学者采用地球化学参数法开展评价油页岩中原油可动性的研究工作,他们采用 $100 \times S_1/TOC > 100 \text{ mg/g}$ 作为页岩油有利段优选的标准,这一指标及其下限是根据美国海相成熟页岩的产能统计得到的,而中国、美国陆、海相页岩存在差异性,特别是中国陆相页岩储层具有富黏土及低熟页岩油的高密度、黏度特征,其适用性有待商榷。此外,亦有国内学者根据研究页岩排烃门限处的氯仿沥青"A"/TOC 或 S_1/TOC 比值确定可动油下限,如薛海涛等所得松辽盆地青山口组页岩油可动下限为 $100 \times S_1/TOC = 75 \text{ mg/g}$,王文广等所得东濮凹陷沙河街组页岩油可动下限为氯仿沥青"A"/TOC $= 150 \text{ mg/g}$,黄振凯等界定鄂尔多斯长 7 组可动油门限 $100 \times S_1/TOC = 70 \text{ mg/g}$ 等。页岩油可动性直接受其黏度/密度控制,从地球化学角度来说,主要体现在页岩油组分特征上,即其他条件相似时,页岩油中轻质组分(饱和烃)比例越高,越容易流动。

吸附-游离油模型法是在首先定量表征吸附油和游离油含量的基础上,把游离油当成可动资源。受页岩微纳米孔喉限制,并非所有的游离油都是可以流动的,即存在毛细管力束缚流体,因此该方法评价的为最大可动油量。有鉴于此,Li 等在页岩油轻烃恢复的基础上估算了总含油量,根据热解前、后 S_2 的差异确定了吸附油量;基于 Jarvie 提出的 $100 \times S_1/TOC = 100 \text{ mg/g}$ 指标粗略地确定游离油中的束缚油含量,以此估算东营凹陷游离油中的可动油含量。因此,如何建立游离油和可动油之间的关系,对于进一步明确页岩油可动性具有重要意义。

核磁共振技术表征页岩油赋存机理鲜有报道,但 T_1 和 T_2 弛豫时间与流体密度、黏度等参数密切相关,自由状态与(类)固态氢核 T_1 和 T_2 差异显著。孔隙内或自由状态的游离态流体 T_1 与 T_2 相似,均呈现单峰分布,而(类)固态氢核 T_1 与 T_2 则存在明显差异,T_2 呈现较小的单峰分布,而 T_1 则变化范围较大,T_1 越大流体流动性越差,而 T_1/T_2 比值是吸附质-吸附剂相互作用强度的反映。分子动力学模拟显示吸附油呈现"类固态",与游离油差异显著,这使得二者可能具有不同的核磁共振响应特征,同时核磁共振具有实时监测的优势,可以监测不同赋存状态页岩油动态变化过程,为页岩油赋存机理研究提供契机。

核磁共振法对于原油可动性评价主要做法是基于离心/驱替前、后核磁共振 T_2 谱面积的差异估算页岩油可动量,基于 T_2 谱位置的差异,结合前期 T_2 谱孔径转化系数,明确不同孔径内油体的可动量。在实际应用中,一般采用 T_2 截止值法(T_2 cut-off)或谱系数法快速明确油体可动量。核磁共振 T_2 谱上弛豫时间大于 T_2 截止值的部分即为可动流体,小于 T_2 截止值的为束缚流体。核磁共振-离心法评价的流体可动量与所采用的离心力有关,一般离心力越大,T_2 截止值越小,可动量越大。因此较多学者针对这一现象开展最佳离心时长和最佳离心力的研究,在此基础上开展离心前、后核磁共振实验,估算流体可动量,明确离心力的选择及其与地层实际开采压差之间的耦合关系,以便用于对页岩油实际采收率的评价。就宏观物性而言,页岩孔隙度、渗透率越高,页岩油可动量越大;与孔隙度相比,页岩油可动量与渗透率的关系更好,表明对于页岩储层来说,渗透率对页岩油可动性的控制更明显,且渗透率越大,除页岩油可动量上升外,其可动油比例亦增加。

数值模拟法基于分子动力学和格列兹曼模拟技术,进而描述和表征页岩中流体-岩石的吸附规律及渗流特征,但由于页岩及页岩油的组成极其复杂,目前的分子动力学和格列兹曼模拟还难以在各方面都逼近地质实际情况。张林晔等从地层能量角度出发,综合孔隙度、含油饱和度、压缩系数、力学、气油比等各种影响因素,基于弹性驱动和溶解气驱动模型,分别评价了两种模式下页岩油可动率、总可动率及其演化特征。综合考虑页岩垂向及横向非均质性,其模型考虑因素较为全面,评价较为精细,但模型参数较多,在地质资料相对较少或缺乏的地区,其可用性受限。

1.5 研 究 内 容

笔者以北部湾盆地油页岩储层为研究对象,系统调研国内外学者针对油页岩评价、开发

与利用的成果,主要阐述了以下 3 个方面的内容:

1. 北部湾油页岩多尺度储集空间结构特征研究

采用场发射扫描电镜、微米/纳米 CT 成像技术、高压压汞法、气体(CO_2,N_2)吸附法等实验技术综合表征了孔裂隙系统定量特征;结合分形理论与大尺度扫描电镜图像拼接技术进行了孔隙结构的划分,多尺度表征了页岩中的微孔、介孔与宏孔的储集空间特征。

2. 烃类物质在储层主体成分孔隙中的吸附扩散特征研究

以流二段油页岩为研究对象,提取其中的有机质与黏土矿物,开展矿物学与结构谱学实验,建立了有机质与黏土矿物纳米孔隙狭缝孔模型;以正十七烷为吸附介质,基于分子动力学与蒙特卡罗法计算原理,研究了烃类物质在油页岩中的吸附扩散特征。

3. 北部湾油页岩储层油藏特征及保存模式研究

从生-储-盖的角度出发分析了北部湾盆地的生油性能、储集性能与封闭性能,进一步结合油藏运聚特征,讨论了页岩油运移方式与运聚模式。从逾渗理论的角度出发,讨论了页岩油在储层中的保存问题,并构建了保存与散失模型。

1.6 研 究 方 法

页岩油储层特征分析与油藏赋存规律研究实验方案如下:

① 采用总有机碳分析仪、岩石热解仪和 XRD 分析页岩有机质、无机矿物组成;采用覆压孔渗、扫描电镜、高压压汞、氮气吸附等系统测试分析页岩孔隙度、渗透率和孔径分布等储集特性,表征页岩储集空间体系,为不同状态页岩油赋存影响机制分析奠定基础。

② 提取油页岩中干酪根、黏土矿物蒙脱石(STx-1b)、伊利石(IMt-2)、高岭石(KGa-1b)和绿泥石(CCa-2)作为研究对象,依次测试矿物 T_2、T_1-T_2 谱,明确黏土矿物束缚水、自由水、结晶水、结构水的核磁共振弛豫特征。

应用[13]C NMR、FTIR、XPS 等实验手段获取干酪根、主要黏土矿物(伊利石、蒙脱石、高岭石)模型所需的结构解析数据,运用分子力学开展结构稳定计算形成最优化结构模型,并应用于不同矿物孔隙结构与不同组分间的作用机理研究及页岩油不同组分吸附游离态转化研究。

③ 采用分子动力学理论,运用巨正则蒙特卡罗(GCMC)的方法,以干酪根、黏土矿物的纳米孔隙结构模型为基础,通过 Material Studio 软件进行页岩油在干酪根与黏土矿物中的吸附规律研究。

④ 通过实验综合分析页岩油储层特征,建立北部湾盆地页岩油赋存模式。

2　地　质　背　景

2.1　区域地质概况

2.1.1　区域地层

北部湾盆地位于紧邻中国广东省雷州半岛与海南省的北部湾海域,包括东经 111°线至东经 107°线的南海北部湾附近海域,是一个经历了古近纪裂陷和新近纪裂后热沉降两个大的演化阶段的新生代陆内裂谷盆地,其盆地面积约 3.6×10^4 km²,其中仅有约十分之一的盆地位于海南岛与雷州半岛的陆地上。北部湾盆地地理构造位置特殊,紧邻三大板块的交界处,频繁遭受构造活动的干扰,这对北部湾盆地的形成、构造格局、沉积充填以及油气成藏都不可避免地产生了影响。北部湾盆地是新生代所发育的断陷盆地,其外形大致呈三角形;其内部由中部的企西隆起分割,可大致划分为北部凹陷带与南部凹陷带。北部湾盆地受控于区域强烈伸展应力以及频受构造运动的影响,其域内断裂体系发育,整理分类其主干断层主要为北东向、北东东向及东西向三大断裂体系。盆地内凹陷广泛发育的正断层具有强烈控制沉积作用,呈现出典型的箕状断陷沉积特征。此外,由于边界断裂在古近系活动强烈,对凹陷内整体的沉积充填演化明显,导致其沉积地层呈现出明显断陷期的特征。北部湾盆地是新生代所发育形成的伸展性盆地,始于晚白垩纪裂陷发育;至中始新世断陷作用逐渐增强,并快速达到顶峰;晚始新世受到板块碰撞作用的影响,地场应力改变,盆地发生张扭作用;随后,盆地所受应力作用逐渐降低,并逐渐稳定进入坳陷期。

根据北部湾盆地的沉积-构造具有阶段性演化的特征,其古近系主要分别沉积了古新统、始新统与渐新统三套地层。盆地内各构造单元内的断裂活动强度、范围以及沉积相类型、展布空间都存在显著差异,这导致了油气资源分布的差异性。

北部湾盆地位于我国南海西部,早白垩世时期,南海地区拥有统一的基底,在经历了两个连续交叠的构造事件后,南海地区统一基底在新生代发生了裂解。这两个连续交叠的构造事件分别是华夏古陆与巽他地块之间古南海开始萎缩,最终闭合并发生了地块的碰撞以及从华夏古陆裂离出来的南沙地块向巽他地块增生,这一过程伴随着新南海的持续扩张,一直到中新世,南海地区才形成了典型的边缘海构造格局。

在古新世-始新世期间,太平洋板块俯冲方向由 NNW 向产生逆时针方向的旋转最终转变为 NWW 向俯冲,太平洋板块加速俯冲导致我国南海北部地区处于近 WE 向挤压构造背景之下,产生近 SN 向的伸展,拉伸方向由 NW-SE 转变为近 SN 向。华夏陆块内部普遍发生裂陷作用,形成一系列 NEE 方向的裂陷,这些裂陷的沉降样式以箕状断陷为主。

中渐新世 NW 向哀牢-红河断裂发生强烈左旋走滑活动,导致北部湾地区产生 NE-NEE 向右旋走滑应力场及近 NS 向拉张应力场,表现为拉伸背景下走滑作用的叠加。渐新世末期哀牢-红河断裂左旋走滑活动停止,南海北部的扩展中心转移至南海扩张中心,东侧太平洋板块沿 NWW 加速俯冲形成 NWW 向挤压应力场,古近系剥蚀抬升。

北部湾盆地古气候温暖潮湿,发育大型富营养淡水湖泊,藻类繁盛,同时湖盆深部热流体较活跃,地温梯度高,为有机质富集及油页岩发育提供了有利的物质条件。

北部湾盆地涠西南凹陷纵向上发育前古近系基岩,有古近系长流组、流沙港组、涠洲组,新近系下洋组、角尾组、灯楼角组、望楼港组和第四系,其中,流沙港组、涠洲组为主要的含油层位。

始新统(流沙港组):储层埋深在 2 000~3 300 m,分为三段,都有油气发现:流三段主要为浅灰色砂岩、砂砾岩与灰色泥岩不等厚互层,底部见棕红色泥岩,发育近源扇三角洲、冲积扇沉积;流二段为一套中深湖相、巨厚的深灰色、褐灰色泥页岩,是盆地主要的生油岩,局部夹有薄储层,主要发育滨浅湖滩坝、三角洲前缘席状砂沉积,储层厚度薄、分布广;流一段下部发育厚层深灰色泥岩夹浅灰色薄层细砂岩、粗砂岩和含砾粗砂岩,上部为灰色、深灰色泥岩或砂泥岩薄互层,主要为扇三角洲、浊积扇、滨浅湖相沉积。

渐新统(涠洲组):储层主要位于涠三段、涠二段下部储层中,埋深 2 000~3 000 m,根据其地层发育特征分为三段:涠三段主要为灰色中细砂岩与杂色泥岩不等厚互层,广泛发育辫状河三角洲沉积;涠二段下部为滨浅湖相杂色泥岩夹灰色薄砂层,为远源三角洲和滨浅湖相沉积,储层厚度小,砂体分布局限,上部发育中深湖相深灰色厚层泥岩,为区域盖层和标准层;涠一段为冲积平原相的砂泥岩薄互层。

新近系:新生界的第二个系,新近纪时期形成的地层系统,可分为上新统、上中新统、中中新统、下中新统。

古近系:古近纪时期形成的地层称为古近系。古近系自下而上包括古新统、始新统和渐新统。

2.1.2　区域构造特征

北部湾盆地主要包括涠西南凹陷、乌石凹陷、迈陈凹陷、海中凹陷、福山凹陷等。

2.1.2.1　涠西南凹陷

涠西南凹陷位于北部湾盆地的北部拗陷带、海中凹陷和企西隆起以北,是北部湾盆地的一个三级构造单元,也是北部湾盆地重要的含油气区。古近系时期涠西南凹陷经历了多期裂陷活动,先后发育 3 条主干断层,控制了涠西南凹陷裂陷期地层的发育。

涠西南凹陷在新生代经历了古近纪裂陷期(T100—T60)和新近纪裂后期(T60—现今)。其中,裂陷期可分为初始裂陷期(T100—T90)、强裂陷期(T90—T80)和裂陷消亡期(T80—T60),强裂陷期对应始新统流沙港组沉积时期,主要受北西—南东向拉张应力控制。地层自下而上可划分为流三段、流二段、流一段:其中流三段(T90—T86)沉积期,边界断裂活动速率较小,主要为滨—浅湖环境,发育受短轴方向物源影响的扇三角洲沉积;流二段(T86—T83)沉积期,控凹断层一号断层活动强烈,最大活动速率可达 250 m/Ma,湖平面快速上升,在洼中沉积了巨厚的中—深湖相地层,最大厚度可达 2800 m,为涠西南凹陷主力烃源岩层系;流一段沉积期(T83—T80),湖平面经历了浅—深—浅的变化,可划分为低位域、湖侵域、高位域 3 个体系域,其中低位—湖侵期(T83—T82—T81)主要受短轴方向物源影响,发育扇三角洲沉积,高位期(T81—T80)由于基底区域隆升,相对湖平面下降,长轴方向物源供应增强,发育大规模建设性三角洲。

2.1.2.2 乌石凹陷

乌石凹陷隶属于北部湾盆地南部坳陷,为典型的新生代陆内裂谷盆地。乌石凹陷是北部湾盆地南部坳陷的一个次级凹陷,北、西以企西隆起南缘为界,东、南紧邻流沙凸起,并与海头北凹陷、迈陈凹陷分隔。

乌石凹陷基底为前古近纪变质岩,沉积盖层为新生代沉积。新生界自下而上依次发育古近系长流组、流沙港组、涠洲组,新近系下洋组、角尾组、灯楼角组和第四系 7 套地层。

始新世流沙港组沉积时期是湖盆发育的鼎盛时期,湖盆扩张与收缩交替进行,主要形成湖相和三角洲相沉积,岩性主要为褐灰色油页岩、深灰色的泥页岩夹薄层浅灰色粉砂岩、细砂岩、中砂岩。流沙港组自下而上可进一步分为流三段、流二段和流一段:流三段沉积时期湖盆扩张,水体较浅,发育一套粗碎屑三角洲相沉积,上部为灰色泥岩与浅灰色粉砂岩、细砂岩,下部为含砾粗砂岩。流二段为湖盆发育的极盛时期,水体加深,沉积速率增加,发育一套良好的生油岩层系,具有明显的三段特征:早期发育半深湖、深湖相灰褐色厚层油页岩夹薄层浅灰色粉砂岩、细砂岩,由下而上砂岩含量降低,页岩尤其是油页岩厚度增大;中期水体变浅,发育一套褐灰色泥页岩与薄层浅灰色粉砂岩互层,粉砂岩主要为滨浅湖相滩坝沉积;晚期湖平面上升,发育灰褐色油页岩夹深灰色泥页岩。流一段沉积时湖盆收缩、水体变浅,主要发育灰色泥岩与浅灰—灰白色中砂岩、细砂岩互层,还有少量煤层出现。

2.1.2.3 迈陈凹陷

迈陈凹陷处于北部湾盆地中南部,北接流沙凸起与乌石凹陷相隔,南接徐闻凸起与福山凹陷相望,西部与海头北凹陷毗邻,东北部则与徐闻凸起东部相接,凹陷内部发育东、西两个次洼。

迈陈凹陷自下而上发育古新统长流组、始新统流沙港组、渐新统涠洲组、中新统下洋组、角尾组、灯楼角组和上新统望楼港组地层。

2.1.2.4 海中凹陷

海中凹陷整体上表现为一个东北深西南浅、北断南超的箕状凹陷,西北部边界发育了涠西南断裂,北部的 3 号断裂分隔了涠西南低凸起与海中凹陷,5 号断裂在南部将凹陷与企西隆起分隔开,凹陷内部靠近涠西南断裂海中段处发育有海 2 号断裂。凹陷东部发育了海 1 号断裂,海中凹陷新生代自下而上发育有长流组、流沙港组、涠洲组、下洋组、角尾组、灯楼角组、望楼港组及第四系地层。流沙港组自下而上可进一步细分为流三段、流二段和流一段,其中流三段厚度为 0～1 600 m。

2.1.2.5　福山凹陷

福山凹陷为北部湾盆地东南缘的一个次级构造单元,总体是一个南超北断的中、新生代簸状断陷,其西北以临高断裂与临高凸起相接,南部为海南隆起,东部以徐闻断裂与云龙凸起相邻。福山凹陷断裂系统较为特殊,纵向上发育深、浅两套产状和活动历史等特征截然不同的断裂系统。盆内下第三系从老到新为长流组、流沙港组及涠洲组,其中流沙港组为该盆地油气重点勘探的目的层位。流沙港组又可划分为 3 个三级层序,从老到新依次为流三段、流二段和流一段,每个层序进一步划分为低位域、湖侵域和高位域等 3 个体系域。流沙港组整体为一套巨厚的湖相三角洲沉积,主要由深灰色—灰黑色泥岩、页岩和浅灰色—灰白色砂岩、含砾砂岩组成。

福山凹陷是发育始于晚白垩世的新生代断陷,其基底岩性组层与北部湾盆地各凹陷类似,主要为古老地层的中酸性岩浆岩以及部分变质岩与碳酸盐岩,其凹陷内古近系地层沉积充填演化大致分为断陷期-坳陷发育期-坳陷快速充填期-坳陷扩张定型期共 4 个时期:第一个时期发育气候干燥沉积背景下河流相的红色松散砂岩的 E_{ch} 组地层;第二个时期过渡为浅湖-深湖相沉积环境,发育了以 E_{ls1+2} 为代表的黑色富含有机质的泥岩地层;第三个时期,湖面萎缩,水体环境开始变浅,河流相沉积环境扩张,广泛发育厚度大的颜色偏浅、砂砾含量增高的杂砂岩与砂砾岩地层;第四个时期,水体加深,由浅湖或河流转变为连片的浅海沉积环境,发育典型的浅海相沉积。

2.2　研究区概况

2.2.1　研究区特点

已发现的北部湾盆地储量主要集中在涠西南凹陷和乌石凹陷,随着成熟区勘探程度的提高,新储量发现难度日益加大,亟须勘探新区以获得突破,而新区勘探评价的核心是烃源岩研究。钻井证实,已获商业发现的涠西南凹陷和乌石凹陷均发育较大规模的油页岩这一类优质烃源岩。

北部湾盆地处于华南板块的西南边缘,基底由古生界粤桂隆起区和中生界海南隆起区组成,是一个典型的新生代陆内裂谷盆地,总面积约 $3.6×10^4$ km²。以古近纪张裂阶段形成的构造格局为划分依据,北部湾盆地构造单元划分为 3 个一级构造单元:南部坳陷、企西隆起和北部坳陷,其中北部坳陷包括涠西南凹陷、海中凹陷和乐民凹陷等次级凹陷;南部坳陷包括乌石凹陷、迈陈凹陷、海头北凹陷、福山凹陷、雷东凹陷、纪家凹陷、昌化凹陷等次级凹陷。

2.2.2　矿物组分

本研究选取的是北部湾盆地流二段油页岩储层深度为 3 158～3 167 m 的 YY-2 井岩心样品和 WY-1 井岩心样品,页岩油具有资源潜力大、勘探程度低、分布不均匀的特点。如图 2-1 所示,YY-2 井矿物成分主要是黏土矿物、石英及黄铁矿,含有少量的菱铁矿和长石,几乎没有碳酸盐矿物。其中黏土矿物含量为 42%～53%,平均含量为 48.125%;石英含量为 33%～38%,平均含量为 35.75%;菱铁矿含量低于 8%,平均含量为 2.625%;黄铁矿含量为 6%～19%,平均含量为 10.125%;长石为钾长石和斜长石且以斜长石为主,其中钾长石含量低于 1%,平均含量为 0.25%,含量极低;斜长石含量为 2%～4%,平均含量为 3.125%(表 2-1)。

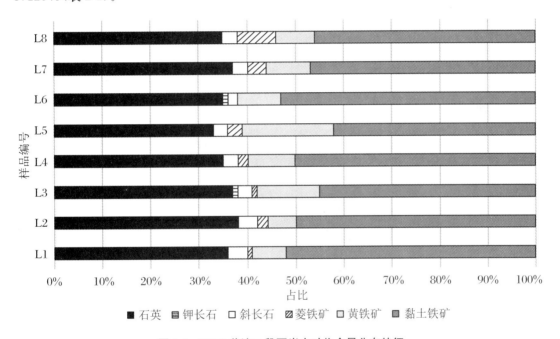

图 2-1　YY-2 井流二段页岩中矿物含量分布特征

Qemscan 扫描分辨率为 0.4 μm,扫描视野覆盖前期 Maps 扫描区域 0.5 mm×2.5 mm。矿物定量分析结果显示 L1 样品的矿物成分以伊利石为主,含量为 50.76%,白云母、蒙脱石和高岭石次之;石英含量为 12.12%;黄铁矿含量为 9.23%(图 2-2)。L5 样品的矿物成分以伊利石为主,含量为 49.62%,白云母、蒙脱石、绿泥石和高岭石次之;石英含量为 12.52%;黄铁矿含量为 7.9%,菱铁矿含量为 2.21%(图 2-3)。L8 样品的矿物成分以伊利石为主,含量为 43.04%,白云母、蒙脱石、绿泥石和高岭石含量次之;石英含量为 16.03%;黄铁矿含量为 5.96%,菱铁矿含量为 7.85%(图 2-4)。这些结果与 X 射线衍射定量分析存在一定差异,但含量最高的伊利石、黄铁矿与 XRD 结果吻合度极高,而石英含量差别较大。

表 2-1　YY-2 井流二段油页岩黏土矿物赋存情况

样品编号	井段（m）	伊利石	高岭石	绿泥石	伊/蒙混层	伊/蒙混层比	
						蒙皂石层	伊利石层
		I	K	C	I/S	S	I
L1	3 158.60	49%	23%	12%	16%	15%	85%
L2	3 159.40	50%	22%	12%	16%	15%	85%
L3	3 161.10	53%	21%	11%	15%	15%	85%
L4	3 163.25	49%	25%	12%	14%	15%	85%
L5	3 164.46	47%	24%	12%	17%	15%	85%
L6	3 165.55	50%	25%	11%	14%	15%	85%
L7	3 166.57	53%	21%	13%	13%	15%	85%
L8	3167.28	55%	22%	10%	13%	15%	85%
合计	最大值	55.00%	25.00%	13.00%	17.00%	15.00%	85.00%
	最小值	47.00%	21.00%	10.00%	13.00%	15.00%	85.00%
	算术平均值	50.75%	22.88%	11.63%	14.75%	15.00%	85.00%

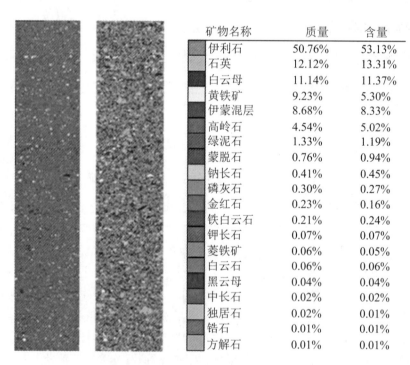

矿物名称	质量	含量
伊利石	50.76%	53.13%
石英	12.12%	13.31%
白云母	11.14%	11.37%
黄铁矿	9.23%	5.30%
伊蒙混层	8.68%	8.33%
高岭石	4.54%	5.02%
绿泥石	1.33%	1.19%
蒙脱石	0.76%	0.94%
钠长石	0.41%	0.45%
磷灰石	0.30%	0.27%
金红石	0.23%	0.16%
铁白云石	0.21%	0.24%
钾长石	0.07%	0.07%
菱铁矿	0.06%	0.05%
白云石	0.06%	0.06%
黑云母	0.04%	0.04%
中长石	0.02%	0.02%
独居石	0.02%	0.01%
锆石	0.01%	0.01%
方解石	0.01%	0.01%

图 2-2　YY-2 井 L1 样品 Qemscan 扫描结果

矿物名称	质量	含量
伊利石	49.62%	51.88%
石英	12.52%	13.74%
白云母	11.41%	11.63%
黄铁矿	7.90%	4.53%
高岭石	5.65%	6.25%
伊蒙混层	5.20%	4.98%
绿泥石	2.72%	2.45%
菱铁矿	2.21%	1.67%
蒙脱石	0.77%	0.95%
磷灰石	0.71%	0.65%
金红石	0.32%	0.22%
铁白云石	0.31%	0.36%
钾长石	0.25%	0.28%
钠长石	0.20%	0.22%
方解石	0.05%	0.05%
中长石	0.05%	0.05%
白云石	0.04%	0.04%
黑云母	0.03%	0.03%
独居石	0.01%	0.01%
锆石	0.01%	0.00%
黄长石	0.01%	0.01%
绿帘石	0.01%	0.00%

图 2-3　YY-2 井 L5 样品 Qemscan 扫描结果

矿物名称	质量	含量
伊利石	43.04%	45.36%
石英	16.03%	17.73%
白云母	9.05%	9.30%
菱铁矿	7.85%	5.98%
伊蒙混层	7.58%	7.32%
黄铁矿	5.96%	3.45%
高岭石	4.89%	5.45%
绿泥石	3.44%	3.12%
蒙脱石	0.75%	0.92%
钠长石	0.42%	0.47%
金红石	0.38%	0.26%
铁白云石	0.25%	0.29%
中长石	0.14%	0.15%
磷灰石	0.11%	0.10%
白云石	0.05%	0.05%
黑云母	0.04%	0.04%
锆石	0.02%	0.01%
独居石	0.01%	0.00%

图 2-4　YY-2 井 L8 样品 Qemscan 扫描结果

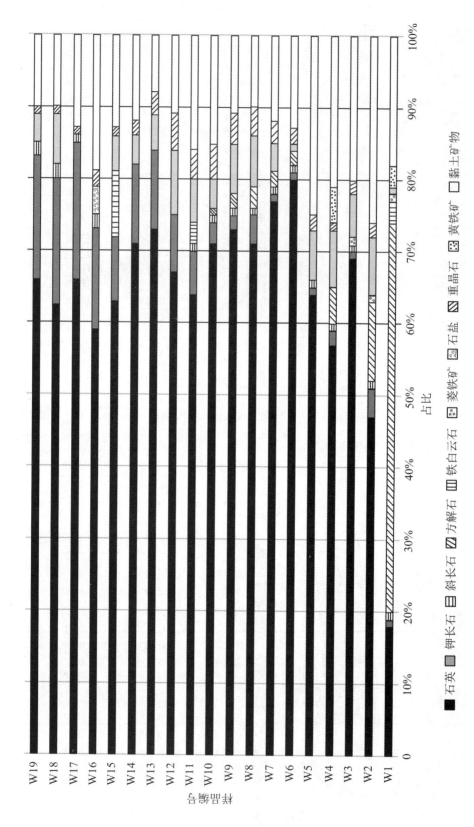

图2-5 WY-1井流二段页岩中矿物含量分布特征

相比 YY-2井，WY-1井的矿物成分更为复杂（表2-2），主要由黏土矿物、石英、石盐、重晶石、方解石及长石组成,含有少量的菱铁矿、黄铁矿和长石,其中黏土矿物含量为8%~26%,平均含量为14.89%;石英含量为18%~80%,平均含量为64.05%;菱铁矿含量低于1%,黄铁矿含量低于5%,含量极低;长石为钾长石和斜长石,其中钾长石含量为1%~19%,平均含量为7.05%,主要由钾长石组成;斜长石含量低于2%;石盐含量低于9%;重晶石含量低于5%(图2-5)。

表 2-2　WY-1 井流二段油页岩黏土矿物赋存情况

样品编号	井段(m)	伊利石	高岭石	绿泥石	伊/蒙混层	伊/蒙混层比	
						蒙皂石层	伊利石层
		I	K	C	I/S	S	I
W1	2 684	33%	27%	12%	28%	40%	60%
W2	2 710	30%	15%	8%	47%	70%	30%
W3	2 720	35%	20%	11%	34%	25%	75%
W4	2 736	36%	21%	11%	32%	25%	75%
W5	2 760	36%	22%	12%	30%	25%	75%
W6	2 770	29%	28%	16%	27%	25%	75%
W7	2 794	27%	38%	15%	20%	25%	75%
W8	2 820	32%	32%	15%	21%	20%	80%
W9	2 834	34%	27%	16%	23%	20%	80%
W10	2 862	31%	29%	13%	27%	45%	55%
W11	2 880	38%	18%	14%	30%	20%	80%
W12	2 902	33%	27%	14%	26%	20%	80%
W13	2 940	36%	22%	11%	31%	45%	55%
W14	2 960	30%	23%	17%	30%	20%	80%
W15	2 976	27%	24%	17%	32%	20%	80%
W16	2 996	50%	11%	6%	33%	20%	80%
W17	3 020	63%	8%	4%	25%	20%	80%
W18	3 030	52%	9%	5%	34%	20%	80%
W19	3 058	50%	16%	9%	25%	20%	80%
合计	最大值	55.00%	25.00%	13.00%	17.00%	15.00%	85.00%
	最小值	47.00%	21.00%	10.00%	13.00%	15.00%	85.00%
	算术平均值	50.75%	22.88%	11.63%	14.75%	15.00%	85.00%

2.2.3　研究区优势

北部湾盆地作为我国重要的页岩油盆地之一,具有以下优势:

1. 丰富的页岩油资源

北部湾盆地储量丰富,潜在的页岩油资源量巨大。经过多年的勘探与开发,已经发现了多个富含页岩油的区块,其中包括了高品质的油页岩储层。

2. 多层次的油气资源

北部湾盆地不仅富含页岩油资源,还具有丰富的常规油气资源。这些油气资源分布于不同的层系中,为综合勘探与开发提供了更多的机会与选择。

3. 地质条件优越

北部湾盆地地质条件优越,具有较为稳定的构造背景和丰富的沉积条件。盆地内部存在丰富的沉积物源和较好的保存条件,为页岩油形成和储集提供了良好的地质基础。

4. 区位优势明显

北部湾盆地位于我国南海沿岸,地理位置优越,交通便利。同时,盆地周边还有丰富的石油设施和基础设施,为勘探与开发提供了便利条件。

2.3　沉积环境特征

国内含油页岩盆地形成环境主要为湖相和湖泊-沼泽相两类,湖相和海陆交互相也有油页岩发育,但不普遍。不同沉积环境形成的油页岩其有机质来源存在差异。湖相环境形成的油页岩主要以水生低等生物为主,浮游藻类丰富,以腐泥型油页岩为主,而湖泊-沼泽环境形成的油页岩通常与煤系伴生,有机质为浮游藻类和高等植物混合来源,以混合型油页岩为主。无论油页岩形成于什么样的沉积环境,它都必须具备丰富的有机质来源和良好的有机质保存条件两个因素,才可能形成优质的油页岩。

北部湾盆地流二段油页岩的有机质主要来源于水生浮游藻类,属于湖相油页岩,浮游藻类生产力越高形成油页岩的物质基础越好,就越有利于形成优质油页岩。而浮游藻类化石丰度直接反映了古湖泊初级生产力的水平,浮游藻类化石数量在孢藻中的比例是反映古湖泊生物生产力的重要标志。一般来说,古湖初级生产力高,浮游藻类化石丰度就高,在一些有机质富集层段,浮游藻类甚至能以化石纹层的形式保存下来。丰富的藻类来源的有机质是流二段油页岩形成的重要物质基础。

有机质保存条件是影响油页岩形成的另一个重要因素,还原-强还原的沉积环境有利于有机质保存和油页岩的形成。还原-强还原环境条件下,含氧底界面位于沉积物-水界面之上,在含氧界面以下形成富硫化氢的还原环境,沉积有机质得到很好的保存,因此还原硫含量可以作为评价沉积环境氧化还原性的重要指标。还原硫是以沉积物中的二价硫(S^{2-})的百分含量表示的,是反映沉积物氧化-还原环境的一种指标。还原硫含量越高,沉积环境的还原性越强,越有利于有机质的保存。北部湾盆地流二段油页岩还原硫含量普遍高于泥岩的还原硫含量,95%的油页岩样品还原硫含量高于1%,59%的油页岩样品还原硫含量高于3%,25%的油页岩样品还原硫含量高于5%。油页岩还原硫含量平均为3.63%,而泥岩还原硫含量平均含量为 0.35%,说明流二段油页岩中还原硫含量很高,属于富硫的沉积环境,具有很强的还原性,有利于有机质保存。

2.4 地球化学特征

地球化学是基于化学的原理对地质系统进行研究的方法,对于页岩等使用常规岩石学方法研究效果有限的细粒岩石而言,可以起到很好的补充作用。本节从元素地球化学及有机地球化学两个方面对北部湾盆地流二段油页岩开展物源区、有机物相特征分析。

2.4.1 元素地球化学特征

Th,Sc,Nb,Zr,Al,Ti 等元素在风化过程中比 Na,Ca,K 更稳定,更不易迁移,因此更多地保存于风化产物中,可以被用于判断风化特征。

岩层中的元素常存在因非碎屑来源而造成的富集或者亏损,会对判别结果造成一定程度的干扰。为检验目的岩层是否受此类情况影响,常用的方法是基于标准岩石或标准数据中的元素含量求取目标地层中各元素的(相对)富集系数(Enrichment Factor,EF)来进行判断:

$$EF_{element\ X} = \frac{[X/Li]_{Sample}}{[X/Li]_{Average\ Shale}} \tag{2-1}$$

式中,X 为目标元素;Average Shale 为标准岩石或者数据,常用的有澳大利亚新太古代平均页岩(Post-Archean Australian Shale,PAAS)、上地壳(Upper Continental Crust,UCC)或者北美页岩组合(North American Shale Composite,NASC)等。

通常认为,若某元素的 EF 值位于 1 附近,则该元素为地壳来源;若 EF 值大于 3 则该元素自生富集;若 EF 值大于 10,则该元素为以非上地壳来源或者以自生富集为主。

2.4.2 元素分布特征

本次测试获得的北部湾盆地流二段油页岩岩心样品的元素含量分析如表 2-3 所示。样品的元素组成以 Al,Fe,K 为主,其次是 Ca,Mg,Na,Ti。

基于公式(2-1)计算,并使用 UCC 为标准数据,计算所有样品中各元素的富集系数,结果如图 2-6 所示。结果显示各元素富集系数大部分接近于 1;个别元素富集,如 U,Cu,Ga,其中 W 尤为富集,EF 均值为 2.6。

研究区各元素富集系数大部分接近于 1,于是可以认为目的地层整体上以陆源为主,可以使用元素地球化学方法进行源区等的判别。

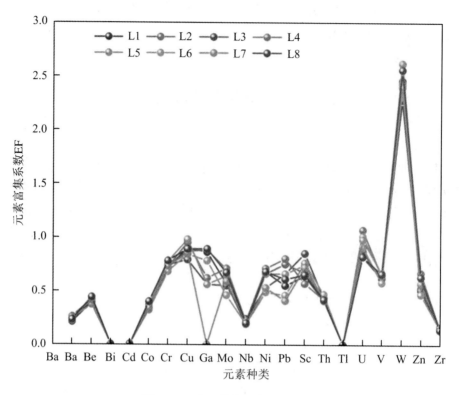

图 2-6 研究区微量元素富集系数

表 2-3 岩心样品的元素含量

样品编号	L1	L2	L3	L4	L5	L6	L7	L8
样品类型	岩心	岩心	岩心	岩心	岩心	岩心	岩心	岩心
Ba （μg/g）	587.00	563.00	537.00	560.00	593.00	599.00	568.00	575.00
Be （μg/g）	5.17	5.15	3.70	5.26	5.55	5.26	5.33	5.21
Bi （μg/g）	0.86	0.88	0.78	0.93	0.85	0.99	0.89	0.80
Ca （μg/g）	3 860.00	3 110.00	5 189.00	3 575.00	3 575.00	5 790.00	2 931.00	2 573.00
Cd （μg/g）	0.29	0.25	0.20	0.31	0.25	0.21	0.25	0.25
Ce （μg/g）	118.00	123.00	102.00	109.00	120.00	127.00	115.00	89.30
Co （μg/g）	13.30	13.80	11.60	15.20	13.70	15.00	13.60	15.10
Cr （μg/g）	86.20	85.60	78.50	82.80	89.90	88.70	88.10	83.20
Cu （μg/g）	55.50	51.80	35.50	55.50	56.70	55.80	51.90	39.10
Dy （μg/g）	8.30	8.65	6.15	6.62	7.89	8.58	7.26	5.69
Er （μg/g）	5.55	5.80	3.61	3.77	5.61	5.95	5.30	2.83
Eu （μg/g）	1.61	1.83	1.35	1.35	1.67	1.98	1.62	1.11
Ga （μg/g）	51.30	51.50	23.90	28.50	26.20	50.50	0.00	38.10

样品编号	L1	L2	L3	L4	L5	L6	L7	L8
样品类型	岩心	岩心	岩心	岩心	岩心	岩心	岩心	岩心
Gd (μg/g)	8.72	9.58	6.79	7.08	8.57	9.52	7.99	5.57
Ho (μg/g)	1.72	1.80	1.31	1.39	1.67	1.80	1.57	1.00
La (μg/g)	50.50	61.60	53.30	55.20	56.50	71.60	60.70	53.70
Li (μg/g)	75.90	75.00	67.10	72.10	73.50	81.70	75.60	67.50
Lu (μg/g)	0.60	0.66	0.55	0.53	0.68	0.71	0.65	0.56
Mg (μg/g)	5 006.00	5 820.00	6 555.00	5 765.00	6 695.00	6 755.00	6 555.00	6 755.00
Mn (μg/g)	1 330.00	1 036.00	1 985.00	1 103.00	1 569.00	725.00	1 027.00	625.00
Mo (μg/g)	2.75	3.29	2.35	3.25	3.01	2.39	2.83	2.86
Na (μg/g)	2 300.00	2 511.00	2 077.00	2 077.00	2 226.00	2 558.00	2 558.00	2 558.00
Nb (μg/g)	16.60	16.90	18.80	18.60	18.80	18.30	17.60	16.00
Nd (μg/g)	55.90	53.80	52.10	38.90	58.80	58.80	59.80	35.50
Ni (μg/g)	53.80	51.00	30.30	53.50	51.30	33.50	35.10	38.80
P (μg/g)	1 056.00	726.00	595.00	995.00	657.00	595.00	577.00	538.00
Pb (μg/g)	32.20	52.80	35.50	55.60	37.60	29.20	25.00	31.60
Pr (μg/g)	12.00	15.50	11.70	10.60	13.30	16.20	13.70	9.99
Sc (μg/g)	15.50	15.80	18.20	13.00	17.50	19.80	17.50	13.90
Sm (μg/g)	9.19	10.60	7.80	7.70	9.61	11.20	9.27	6.52
Sn (μg/g)	8.01	7.79	7.68	7.91	7.55	9.06	8.07	7.60
Sr (μg/g)	107.00	116.00	199.00	106.00	109.00	126.00	118.00	96.30
Tb (μg/g)	1.53	1.62	1.15	1.23	1.55	1.59	1.35	0.90
Th (μg/g)	30.50	32.00	28.00	29.50	29.90	37.70	30.60	27.50
Ti (μg/g)	5 099.00	5 186.00	5 253.00	5 195.00	5 356.00	5 891.00	5 572.00	5 155.00
Tl (μg/g)	1.53	1.58	1.27	1.53	1.55	1.59	1.55	1.51
Tm (μg/g)	0.63	0.66	0.53	0.55	0.66	0.71	0.62	0.52
U (μg/g)	7.50	8.97	6.19	7.51	8.56	8.58	8.53	6.30
V (μg/g)	117.00	118.00	105.00	105.00	119.00	118.00	126.00	111.00
W (μg/g)	11.00	11.60	10.50	11.20	11.30	12.50	12.60	11.00
Y (μg/g)	39.50	51.60	32.20	32.50	39.50	50.90	37.30	25.30
Yb (μg/g)	3.93	5.25	3.59	3.53	5.31	5.62	5.02	2.83
Zn (μg/g)	95.50	92.10	80.70	115.00	99.00	91.10	102.00	101.00
Zr (μg/g)	121.00	130.00	105.00	115.00	123.00	130.00	136.00	101.00

2.4.3 源区及构造背景

多种元素地球化学指数常被用来重建、分析物源区的沉积、构造特征,如,Th/Sc 和 Zr-TiO$_2$ 等指数。

表 2-4 研究区关于源区的元素指数特征(据 Hayashi 等,1997)

样品编号	井深(m)	元素指数 TH/Sc	源 区		
			长英质	镁铁质	中性
L1	3 158.60	1.97			
L2	3 159.50	2.03			
L3	3 161.10	1.55			
L4	3 163.25	2.27			
L5	3 165.56	1.72	0.05~0.5	—	0.65~18.1
L6	3 165.55	1.90			
L7	3 166.57	1.76			
L8	3 167.28	1.98			

研究区 Th/Sc 指数介于 1.55~2.27,对比上述元素指数在不同源区的判别标准(表 2-4),即 Th/Sc 指数介于 0.05~0.5 时,源区为镁铁质,介于 0.65~18.10 时,源区为长英质,于是认为整体研究区均为长英质源区。

小 结

① 北部湾盆地涠西南凹陷和乌石凹陷流二段普遍发育油页岩,单井油页岩最大累计厚度可达 200 m。北部湾盆地油页岩有机碳含量下限为 3%,含油率 3.5%~10%,达到中等和优质油页岩矿品级,同时也是优质烃源岩。

② 北部湾盆地流二段油页岩中浮游藻类来源的有机质丰富,既有层状藻类体,也有结构藻类体,水生浮游藻类是油页岩有机质的主要来源,有机质类型主要为 II$_1$ 型,部分为 I型,以湖相腐殖-腐泥型油页岩为主,部分为湖相腐泥型油页岩。油页岩还原硫含量普遍较高,油页岩形成于还原的沉积环境。

③ 通过对北部湾盆地流二段油页岩有机质的测定分析可知,北部湾盆地流二段油页岩含有较多的有机质,生烃潜能巨大。

3　储层物性特征

3.1　页岩发育模式

北部湾盆地流二段油页岩形成于淡水-微咸水湖泊环境,属于具有一定矿化度的硬水淡水湖,其沉积模式与深水缺氧湖泊模式具有相似性,是高有机质生产力和良好的有机质保存条件共同作用的产物。浮游藻类含量等分析表明,始新世时期,北部湾盆地古湖泊具有高的有机质生产力。当时,北部湾盆地整体属于亚热带湿润气候,雨量充沛,涠西南和乌石凹陷周缘隆起区的中生界花岗岩长期遭受风化剥蚀,成为主要的沉积物源。同时,花岗岩中的P,Fe,Ni,Mo,Cu,Zn 等元素风化淋滤后通过河流输入湖泊,为浮游藻类生长提供了丰富的营养物质,促进了藻类的大量繁盛,为油页岩的形成奠定了雄厚的物质基础。

还原硫含量及微量元素比值等地球化学指标分析表明,北部湾盆地流二段油页岩形成于还原的沉积环境。北部湾盆地流二段油页岩沉积环境的还原性一方面与有机质分解耗氧有关,另一方面与湖泊水体的分层有关。在湖泊表层藻类死亡后沉积到湖底的过程中,藻类残体分解大量消耗湖水中的氧气,导致从湖面到湖底的含氧量逐渐降低,还原性增强(图3-1)。同时,湖泊水体分层有利于形成还原的沉积环境。北部湾盆地油页岩纵向分布受控于层序旋回和沉积相的变化,高有机质丰度的油页岩多发育于湖侵体系域顶部和高位体系域底部的中深湖相沉积环境,低位体系域的滨浅湖环境则不发育油页岩。主要原因在于滨浅湖环境湖水较浅,不利于湖泊水体分层,沉积环境氧化性较强,以粗碎屑岩夹泥岩沉积为特征。而湖侵体系域顶部和高位体系域底部的中深湖相沉积环境,湖泊水体较深,易于形成稳定的水体分层,湖泊底部处于缺氧环境,大量富集 H_2S,沉积环境的还原性很强,有利于有机质的保存和富集,有利于油页岩的发育,这与流二段油页岩高的还原硫含量一致。因此,北部湾盆地流二段油页岩形成于淡水-微咸水湖泊环境,高有机质生产力及湖侵体系域顶部和高位体系域底部中深湖相还原的沉积环境共同控制了油页岩的发育。

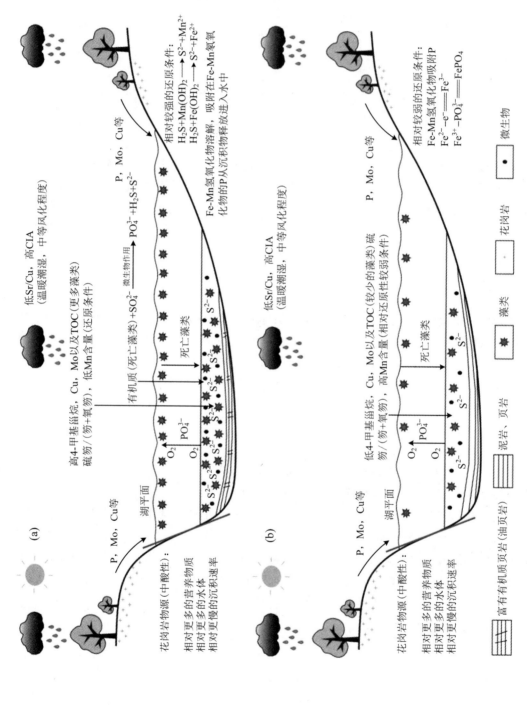

图3-1　北部湾盆地流二段油页岩发育模式(据曹磊，2021)

3.2 源岩特征

3.2.1 有机质类型

有机质类型是烃源岩评价的重要指标之一,不同母质形成不同的有机质,不同的有机质类型生烃潜力及产物各异,其干酪根的性质不同,其生成油气的潜能也存在很大差异。目前,常用有机岩石学和干酪根同位素等方法评价有机质类型,依据对干酪根中碳、氧、氢元素的分析结果,将干酪根类型划分为Ⅰ型——腐泥型,Ⅱ₁——腐殖腐泥型,Ⅱ₂——腐泥腐殖型和Ⅲ型——腐殖型4种(表3-1)。

1. Ⅰ型干酪根

主要含类脂化合物,多直链烷烃,以高氢低氧含量为特征,多源于藻类沉积物或细菌改造形成的有机质,生油潜能很大。

表 3-1 有机质型划分类标准(据黄第藩等,1984)

有机质类型	干酪根 δ_{13C}	$T_1(℃)$	产油气性质
腐泥型Ⅰ	$<-29\%$	$>80\%$	产油为主
含腐殖腐泥型Ⅱ₁	$-29\%\sim-27\%$	$50\%\sim80\%$	油气兼产
含腐泥腐殖型Ⅱ₂	$-27\%\sim-25\%$	$0\sim50\%$	
腐殖型Ⅲ	$>-25\%$	<0	产气为主

2. Ⅱ₁/Ⅱ₂型干酪根

较高的氢含量,但比Ⅰ型干酪根略低,多源自海相浮游生物、微生物,生油潜能中等。

3. Ⅲ型干酪根

饱和烃较少,多为多环芳烃及含氧官能团,来自陆地高等植物,主要倾向于生气,是重要的天然气来源。

油页岩根据有机质类型可以分为腐泥型(Ⅰ)、腐殖-腐泥型(Ⅱ₁)和腐泥-腐殖型(Ⅱ₂)3种。腐泥型油页岩有机质主要来源于水生浮游藻类,而腐殖-腐泥型和腐泥-腐殖型油页岩有机质为水生浮游藻类和高等植物混合来源,但腐殖-腐泥型油页岩以水生浮游藻类来源的有机质占优势,腐泥-腐殖型油页岩以高等植物来源的有机质占优势。不同有机质类型油页岩生油潜力存在差异,在有机碳含量相同的条件下,腐泥型油页岩生油潜力最大,腐殖-腐泥型油页岩次之,腐泥-腐殖型油页岩生油潜力最小。因此,有机质类型对油页岩来说非常重要。

北部湾盆地流二段油页岩水生藻类来源的有机质十分丰富,既有层状藻类体(图3-2(a)、图3-2(c)),也有结构藻类体(图3-2(b)、图3-2(d))。水生浮游藻类是油页岩有机质的主要来源,油页岩类型属腐泥型或腐殖-腐泥型油页岩。北部湾盆地流二段油页岩干酪根组成以腐泥无定型为主,介于62.5%～97.7%,平均71.5%;镜质组含量介于1.3%～23.6%,平均16%;同时含一定数量的壳质组和惰质组。北部湾盆地流二段腐泥型油页岩约占13%,腐殖-腐泥组油页岩约占80%,腐泥-腐殖型油页岩约占7%,以腐殖-腐泥型油页岩为主,油页岩有机质主要来源于水生浮游藻类,高等植物来源的有机质有一定贡献。

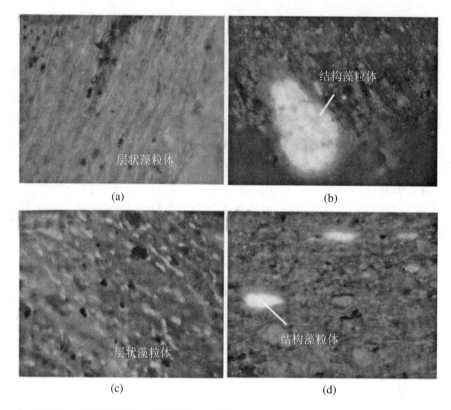

图 3-2　北部湾盆地流二段油页岩全岩有机显微组分照片(据李友川等,2022)

钻井揭示,北部湾盆地涠西南凹陷和乌石凹陷油页岩最为发育。北部湾盆地油页岩大多呈灰褐色、褐黄色、褐色,水平层理较发育,油脂光泽不明显,部分油页岩样品点火可燃烧。

涠西南凹陷在流沙港组二段上部和下部发育两套油页岩,但主要分布于流二段下部,流二段底部油页岩厚15～98 m。流二段上部油页岩发育较差,仅在部分钻井中揭示,厚度7～25 m。平面上,涠西南凹陷东部A洼陷油页岩最为发育,在YY6构造区厚度最大。

钻井揭示,乌石凹陷东洼西北和东北部油页岩主要发育于流二段下部,YY17井区、YY16井区流二段底部油页岩较厚,均超过100 m;沿7号断裂下降盘在流二段上部揭示油页岩,YY22井流二段上部油页岩厚超过200 m。油页岩是一种富含有机质、高灰分的固体可燃有机矿产,含油率大于3.5%,其有机碳含量一般大于6%。

3.2.2　有机质丰度

有机质是评价烃源岩生烃能力的重要指标之一:一方面有机质经过成熟演化生烃为页

岩气赋存提供气源;另一方面,有机质经过有机酸等作用为气体赋存提供储集空间。因此,在其他条件相近时,页岩有机质丰度越高,生烃能力越强。

对北部湾盆地流二段油页岩有机质的测定分析显示(图3-3),样品总有机碳含量最大值为9.03%,最小值为6.61%,平均为7.76%。由此可见,北部湾盆地流二段油页岩含有较多的有机质含量,生烃潜能巨大,即原油储量或产油能力巨大;若不考虑开采难度和海相页岩油的特殊性,北部湾盆地流二段油页岩具有良好的勘探前景。

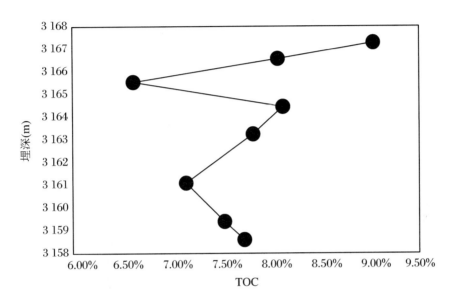

图3-3　北部湾盆地流二段沉积岩中总有机质走势图

3.2.3　有机质成熟度

有机质成熟度是页岩气评价的重要指标之一,反映了沉积有机质在地质埋藏过程中受地质演化作用导致其生烃演化具有明显的阶段性。页岩气研究指出镜质组反射率 R_o 与有机质演化阶段有良好的对应关系,因此多采用镜质组反射率 R_o 表征有机质成熟度,以表示页岩的生油、生气能力,如Ⅰ~Ⅱ干酪根类型的有机质成熟过程可分为不同的阶段(表3-2)。

可见有机质只有到一定成熟阶段才可生成大量油气,生烃结果表明页岩有机质成熟度达到0.5%时就能逐渐产生石油,且随着成熟度升高,将生成大量石油和热解/裂解气。不同有机质类型的页岩生油量存在不同,而探明有机质成熟阶段对评价油页岩热演化阶段有重要意义。对北部湾盆地流二段富有机质油页岩镜质组成熟度测试结果表明,在研究区3 158.60~3 167.28 m采集的8块岩心样品,测出有效镜质组反射率样品7份,镜质组反射率介于0.71%~0.90%,平均镜质组反射率为0.79%。根据烃源岩热演化程度划分阶段,流二段油页岩处于低成熟-中等成熟阶段,在有机质演化过程中形成了大量的液态烃。

表 3-2　有机质热演化阶段划分（据 Tissot 等，1985）

页岩热演化阶段划分			有机质演化阶段划分		
R_o	$T_{max}(℃)$	演化阶段	R_o	$T_{max}(℃)$	演化阶段
0.5%	531	早成熟	0.5%～0.7%	50～80	成岩作用阶段； 未成熟～低成熟
0.9%	558	液态烃— 凝析油— 湿气	0.7%～1.3%	80～150	深成热解作用阶段 （成熟中期） 生成油气
1.0%	553				
1.1%	559				
1.2%	565				
1.3%	570	干气			
1.5%	576	干气	1.3%～2.0%	150～200	深成热解作用阶段 （成熟晚期） 湿气＋凝析油
1.7%	592				
2.0%	509				
>2.0%	—	—	>2.0%	200～300	后成作用阶段；干气

3.2.4　页岩生烃潜力评价

烃源岩的生油潜力主要取决于干酪根类型、有机质的富集程度与有机质的演化程度。对于陆相烃源岩来说，表征有机质生烃潜力的参数主要为有机碳含量、氯仿沥青"A"含量和生烃潜量指数（S_1+S_2）等。本部分结合烃源岩生烃潜力评价参数及其标准（表 3-3），判断北部湾盆地流二段页岩的生烃潜力。

表 3-3　陆相烃源岩的评价标准（据魏向丹等，1995）

丰度指标	非生油岩	差生油岩	中等生油岩	好生油岩	最好生油岩
TOC	<0.4%	0.4%～0.6%	0.6%～1.0%	1.0%～2.0%	>2.0%
"A"	<0.015%	0.015%～0.050%	0.05%～0.100%	0.100%～0.200%	>0.200%
S_1+S_2(mg/g)	—	<2	2～6	6～20	>20

实验测试结果表明，北部湾盆地流二段页岩 TOC 主要分布于 6.61%～9.03%，平均为7.76%。S_1+S_2 和 TOC 的分布特征表明（图 3-4(a)），北部湾盆地流二段页岩样品基本都属于极好的烃源岩。同样的，从热解烃（S_2）与 TOC 的关系图中可以看出，研究区样品属于"好-极好"区域的烃源岩（图 3-4(b)），且 TOC 与生烃潜量、S 在高值区存在较好的正相关关系，可能是因为北部湾盆地流二段页岩样品热成熟度相对较低，游离烃含量较少，S_2 对于烃源岩有机质含量的影响程度较大。属于"好-极好"区域的烃源岩样品干酪根类型主要为 Ⅰ～Ⅱ₁型，生烃潜力较 Ⅰ 型干酪根来说要差一些（图 3-4(b)）。

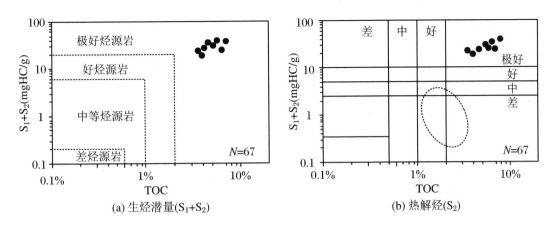

(a) 生烃潜量(S₁+S₂) (b) 热解烃(S₂)

图 3-4 烃源岩生烃潜力评价指标与有机碳丰度关系图(据郭睿波改,2020)

氯仿沥青"A"也是烃源岩生烃潜力评价的常用指标之一,通过统计北部湾盆地流二段样品氯仿沥青"A"值得出(图 3-5),北部湾盆地流二段页岩氯仿沥青"A"含量为 0.7065%～2.1612%,平均为 0.7065%。

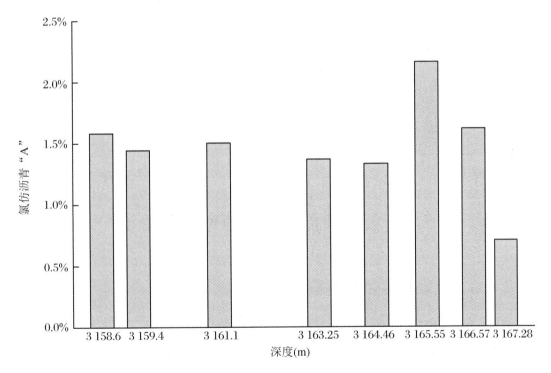

图 3-5 北部湾盆地流二段页岩氯仿沥青"A"数据分布统计图

由前述得知,北部湾盆地流二段页岩样品 TOC 和生烃潜量较高,可能的原因是北部湾盆地流二段较高的古生产力对有机质的富集起到了绝对性的控制作用,再加上盆地中心的半咸水、贫氧的古环境促进了有机质的富集,使得北部湾盆地流二段页岩页岩表现出很好的生烃潜力。

北部湾盆地流二段页岩有机碳、热解生烃潜量和氯仿沥青"A"3 个参数都远高于我国陆相"好烃源岩"评价标准,参照表3-4中的陆相烃源岩有机质丰度分级评价标准,北部湾盆地流二段大部分为好的中-低熟烃源岩,其有机质丰度高(TOC>2%),类型好(主要为Ⅰ～Ⅱ₁型),有利于中-低成熟度的页岩油的富集。

表 3-4　陆相湖泊泥质烃源岩有机质丰度标准
(据胡见义等,1991;黄第藩等,1991;秦建中,2005)

烃源岩级别 评价参数		干酪根 类型	很好的 烃源岩	好烃源岩	中等烃源岩	差烃源岩	非烃源岩
	有机质类型		富烃腐泥型	腐泥型	中间型	腐殖型	腐殖型
	H/C原子比		1.5～1.7	1.3～1.5	1.0～1.3	0.5～1.0	0.5～0.7
未成熟～ 低成熟	TOC	Ⅰ～Ⅱ₁	>2.0%	1.0%～2.0%	0.5%～1.0%	0.3%～0.5%	<0.3%
		Ⅱ₂～Ⅲ	>0.4%	2.5%～4.0%	1.0%～2.5%	0.5%～1.0%	<0.5%
	沥青"A"		>0.25%	0.15%～0.25%	0.05%～0.15%	0.03%～0.05%	<0.03%
	总烃(HC) (×10⁻⁶)		>1 000	500～1 000	150～500	50～150	<50
	S_1+S_2 (mg/g)		>10	5.0～10	2.0～5.0	0.5～2.0	<0.5
成熟～ 过成熟	TOC	Ⅰ～Ⅱ₁	>1.2%	0.8%～1.2%	0.4%～0.8%	0.2%～0.4%	<0.2%
		Ⅱ₂～Ⅲ	>3.0%	1.5%～3.0%	0.6%～1.5%	0.35%～0.6%	<0.35%

3.3　页岩抽提物有机地球化学特征

3.3.1　页岩抽提物族组分

北部湾盆地流二段页岩抽提物的饱和烃含量为84.46%～91.52%,平均值为87.48%;芳烃含量较低,分布在8.48%～16.12%范围,平均仅为12.52%(图3-6)。

北部湾盆地流二段页岩在族组成上呈现出"一低一高"的特征,即饱和烃的含量较高,而芳烃含量较低。饱和烃/芳香烃比值为5.21～10.79,平均值为7.37,说明北部湾盆地流二段存在较多组分偏重的重质油(图3-7)。

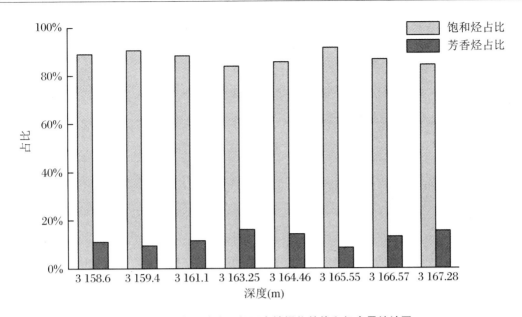

图 3-6 北部湾盆地流二段页岩抽提物的饱和烃含量统计图

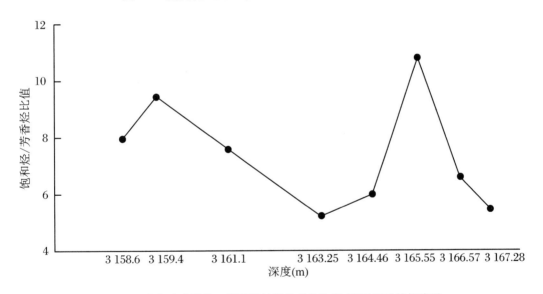

图 3-7 北部湾盆地流二段页岩抽提物的饱和烃/芳香烃比值折线图

3.3.2 饱和烃组成与分布

3.3.2.1 正构烷烃

沉积物有机质中的正构烷烃主要来源于细菌、藻类以及动植物体内。通常可以根据正构烷烃分布特征、碳数范围、主峰碳数、$\sum n_{\mathrm{C}_{21}^-}/\sum n_{\mathrm{C}_{22}^+}$、$(n_{\mathrm{C}_{21}}+n_{\mathrm{C}_{22}})/(n_{\mathrm{C}_{28}}+n_{\mathrm{C}_{29}})$ 和奇偶优势比(OEP)等参数来确定有机质的生源、热成熟度、沉积环境等特征。饱和烃气相色谱分析表和饱和烃气相色谱分析图显示了北部湾盆地流二段页岩抽提物正构烷烃的组成与分布特征(表3-5和图3-8),正构烷烃碳数分布为 $n_{C_{12}} - n_{C_{37}}$。正构烷烃呈单峰态分布,北部湾盆地流二段页岩主峰碳主要是 $n_{C_{17}}$,说明北部湾盆地流二段页岩以藻类有机质等浮游生物输入为主。北部湾盆地流二段页岩 $(n_{C_{21}} + n_{C_{22}})/(n_{C_{28}} + n_{C_{29}})$ 为 1.06～1.31,平均为 1.17,$\sum n_{C_{21}^-}/\sum n_{C_{22}^+}$ 为 0.93～1.05,平均为 0.99;OEP 为 1.08～1.10,平均为 1.09,说明北部湾盆地流二段页岩有机质热演化程度较低与前文研究结果一致。

表 3-5　北部湾盆地流二段页岩抽提物饱和烃气相色谱分析表

深度(m)	碳数范围	主峰碳	$\sum n_{C_{21}^-}/\sum n_{C_{22}^+}$	$(n_{C_{21}} + n_{C_{22}})/(n_{C_{28}} + n_{C_{29}})$	奇偶优势比 (OEP)
3 158.60	$n_{C_{12}} \sim n_{C_{36}}$	$n_{C_{17}}$	0.95	1.15	1.08
3 159.40	$n_{C_{12}} \sim n_{C_{37}}$	$n_{C_{17}}$	0.93	1.06	1.10
3 161.10	$n_{C_{12}} \sim n_{C_{37}}$	$n_{C_{17}}$	1.05	1.20	1.10
3 163.25	$n_{C_{12}} \sim n_{C_{36}}$	$n_{C_{17}}$	0.96	1.08	1.10
3 164.46	$n_{C_{12}} \sim n_{C_{37}}$	$n_{C_{17}}$	1.06	1.31	1.08
3 165.55	$n_{C_{12}} \sim n_{C_{37}}$	$n_{C_{17}}$	0.94	1.20	1.08
3 166.57	$n_{C_{12}} \sim n_{C_{37}}$	$n_{C_{17}}$	1.04	1.20	1.08
3 167.28	$n_{C_{12}} \sim n_{C_{37}}$	$n_{C_{17}}$	0.95	1.15	1.08
最小值	/	$n_{C_{17}}$	0.93	1.06	1.08
最大值	/	$n_{C_{17}}$	1.05	1.31	1.10
平均值	/	$n_{C_{17}}$	0.99	1.17	1.09

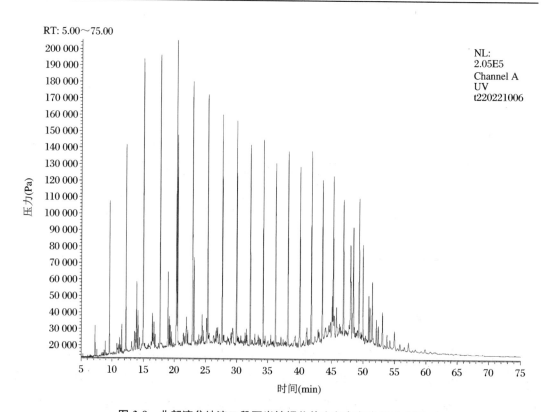

图 3-8　北部湾盆地流二段页岩抽提物饱和烃气相色谱分析图

3.3.2.2 类异戊二烯烃

类异戊二烯烃广泛存在于原油和沉积岩的可溶有机质中,其中姥鲛烷(Pr)和植烷(Ph)丰度最高,它们主要来源于叶绿素 a、b 侧链上的植醇,一般来说植醇在氧化条件下优先转化为姥鲛烷,而在贫氧条件下则优先转化为植烷。因此 Pr/Ph 常用于判别有机质沉积时期的氧化还原条件,高 Pr/Ph($>$3.0)与氧化条件下陆源有机质输入相关,低 Pr/Ph($<$0.8)指示了缺氧的还原环境,且往往与高盐或碳酸盐岩沉积环境有关,而当姥鲛烷、植烷的形成还受到其他因素影响时 Pr/Ph 会表现为在此之间的值(0.8~3.0),此时单纯使用 Pr/Ph 不能直接判别氧化还原条件。除了 Pr/Ph 外,Pr,Ph,$n_{C_{17}}$,$n_{C_{18}}$ 等参数也常用于判断相近成熟度范围内烃源岩沉积时期古水体的氧化还原条件与烃源岩的热演化程度。从正构烷烃谱分析表(表 3-6)可以看出,北部湾盆地流二段页岩抽提物样品中的姥鲛烷(Pr)和植烷(Ph)有明显的峰值,页岩抽提物的 Pr/Ph 值为 1.91~2.13,平均值为 2.00,反映了还原环境下咸水沉积的特点。

类异戊二烯烃比值 $Pr/n_{C_{17}}$ 和 $Ph/n_{C_{18}}$ 常用来反映有机质的成熟度与生源母质类型,成熟度比较低时,该比值也较低,反之亦然。北部湾盆地流二段页岩抽提物的 $Pr/n_{C_{17}}$ 值为 0.67~0.80,平均值为 0.73;$Ph/n_{C_{18}}$ 值为 0.38~0.46,平均值为 0.41,表明北部湾盆地流二段页岩有机质成熟度较低。$Pr/n_{C_{17}}$~$Ph/n_{C_{18}}$ 比值关系介于 1.91~2.13 范围,平均值为 2.00,表明北部湾盆地流二段页岩有机质母质来源为陆源输入有机质和水生有机质混合来源(图 3-9)。

总而言之,北部湾盆地流二段页岩有机质类异戊二烯烃含量丰富,具体表现为 $Pr/n_{C_{17}}$、$Ph/n_{C_{18}}$ 值相对较高,尤其是 $Ph/n_{C_{18}}$ 值表现得更明显,这可能与北部湾盆地流二段沉积水体为咸水环境,咸水性环境中嗜盐细菌繁盛,从而导致这类化合物的先质在生源中的占比较大有关。

表 3-6 北部湾盆地流二段页岩抽提物正构烷烃气相色谱分析表

深度(m)	姥鲛烷/正十七烷 $Pr/n_{C_{17}}$	植烷/正十八烷 $Ph/n_{C_{18}}$	姥鲛烷/植烷 Pr/Ph
3 158.60	0.69	0.38	2.04
3 159.40	0.80	0.46	2.01
3 161.10	0.77	0.46	1.96
3 163.25	0.78	0.42	2.13
3 164.46	0.70	0.39	1.96
3 165.55	0.73	0.38	2.09
3 166.57	0.67	0.39	1.91
3 167.28	0.69	0.38	2.04
最小值	0.67	0.38	1.91
最大值	0.80	0.46	2.13
平均值	0.73	0.41	2.00

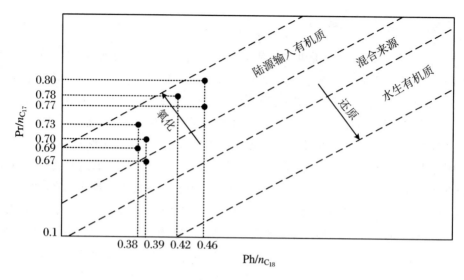

图 3-9　北部湾盆地流二段页岩 $Pr/n_{C_{17}}$～$Ph/n_{C_{18}}$ 比值关系图（据郭睿波改，2020）

3.3.2.3　藿烷类化合物

藿烷类化合物作为细菌群落的生物标志化合物，广泛应用于生源、古环境恢复与热成熟度等石油地球化学特征的分析研究中。北部湾盆地流二段页岩抽提物的 $T_s/(T_s+T_m)$ 比值为 0.186～0.288，平均值为 0.235，反映北部湾盆地流二段页岩处于低熟-成熟演化阶段，北部湾盆地流二段存在明显的 T_m 优势，T_m/T_s 均大于 1（表 3-7）。

表 3-7　北部湾盆地流二段页岩抽提物藿烷类化合物参数表

深度（m）	$T_s/(T_s+T_m)$	莫烷/藿烷	三环萜烷/藿烷	三环萜烷/甾烷	伽马蜡烷/C_{30}藿烷
3 158.60	0.191	0.163	0.051	0.078	0.570
3 159.40	0.262	0.164	0.052	0.075	0.580
3 161.10	0.191	0.163	0.055	0.075	0.550
3 163.25	0.288	0.260	0.054	0.074	0.560
3 164.46	0.288	0.160	0.058	0.077	0.590
3 165.55	0.186	0.261	0.058	0.074	0.610
3 166.57	0.188	0.260	0.060	0.074	0.620
3 167.28	0.285	0.160	0.061	0.072	0.530
最小值	0.186	0.160	0.051	0.072	0.530
最大值	0.288	0.261	0.061	0.078	0.620
平均值	0.235	0.200	0.056	0.075	0.580

北部湾盆地流二段页岩三环萜烷/甾烷值为 0.072～0.078，平均值为 0.075；页岩莫烷/藿烷比值在 0.160～0.261 范围，平均值为 0.200，说明页岩有机质处于低熟-成熟演化阶段，与前文所得结论相符。三环萜烷/藿烷的比值在 0.051～0.061 范围，平均值为 0.056。三环萜烷系列化合物通常用来指示低等生物藻类对有机质的贡献。在北部湾盆地流二段的页岩样品中均有一定的三环萜烷分布，表明这些页岩有机质形成与咸化环境下的藻类密切

相关。同时,较低的三环萜烷/藿烷比值同样表明北部湾盆地流二段页岩的成熟度较低。

北部湾盆地流二段页岩伽马蜡烷/C_{30}藿烷值为 0.530～0.620,平均值为 0.580,超咸水标准,表明北部湾盆地流二段页岩整体发育于咸水的沉积环境,与由元素地球化学参数指标所判别的沉积水介质条件相符。

3.4　流二段有机质组成特征

3.4.1　有机质组成特征分析

足够数量的有机质是形成油页岩的物质基础,是决定油页岩生烃潜力的主要因素。中国 10 个主要页岩油含矿区油页岩的有机碳含量为 7.58%～38.02%,主要分布在 10%～30%。油页岩的含油率与有机碳含量之间存在一定的正相关关系,有机碳含量越高,含油率越高。柳少鹏等对我国中西部鄂尔多斯、准噶尔和民和三个含油气盆地中油页岩样品的分析表明,有机碳含量为 3.3% 的样品,含油率可以达到含油率 3.5% 的下限。而刘招君等通过对我国部分陆相盆地油页岩的统计分析认为当油页岩含油率达到 3.5% 时,其有机碳含量一般大于 6%。可见,对于油页岩含油率下限的有机碳含量值,不同学者的认识存在差异,这可能与油页岩的成熟度和有机质类型有关。当油页岩达到排烃门限时,油页岩中部分烃类会从油页岩中排出,导致油页岩的含油率降低,同时有机碳含量也会降低,因此,油页岩的热演化程度和排烃作用对其含油率和有机碳含量有明显的影响。另外,不同有机质类型油页岩的生烃潜力存在较大差别,以腐泥型有机质为主的油页岩生油能力强,含油率高,有机碳含量下限值低;而混合型有机质油页岩生油能力差一些,有机碳含量的下限值也相应要高一些。因此,不同学者针对不同地区油页岩有机碳含量下限的认识存在差异是可以理解的。

油页岩含油率与有机碳含量和热解生烃潜量等参数之间存在明显的正相关,通过由此建立的油页岩含油率与热解生烃潜量之间的关系式可以计算油页岩的含油率,从而评价油页岩的品质。图 3-4 显示了北部湾盆地流二段油页岩含油率与有机碳含量之间的关系,油页岩含油率主要为 3.5%～10%,达到中等和优质油页岩矿品级。以含油率 3.5% 作为下限,北部湾盆地油页岩的有机碳含量下限为 3%。涠西南凹陷流二段油页岩有机碳含量为 3.07%～9.03%,平均为 5.80%;热解生烃潜量($S_1 + S_2$)为 13.23～75.66 mg/g,平均为 36.77 mg/g;乌石凹陷流二段油页岩有机碳含量为 3.06%～25.7%,平均为 6.13%;热解生烃潜量为 11.03～131.61 mg/g,平均为 35.02 mg/g,涠西南凹陷和乌石凹陷流二段油页岩均属于优质烃源岩(图 3-10)。

测定反射率根据的是光电倍增管所接受的反射光强度与其光电信号成正比的原理:在入射光强度一定的反光显微镜下,对比煤光片中的镜质体和已知反射率的标准样的光电信号值来确定。可用干物镜测定待测对象空气中的反射率(R_a),用油浸物镜测定待测对象油浸中的反射率(R_o)。后者测值精度较高、分辨力强,应用广泛。一般认为镜质体反射率为0.5%～1.2%,为石油成熟带。

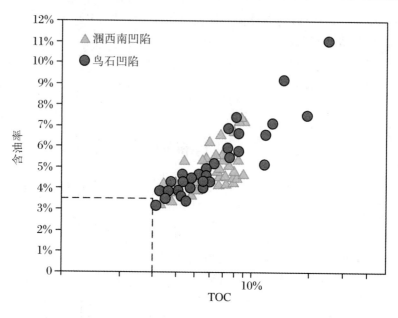

图 3-10 北部湾盆地页岩含油率与有机碳含量关系图(据李友川等,2022)

烃源岩热解分析结果显示,涠西南凹陷和乌凹陷流二段油页岩有机质类型主要为腐殖-腐泥型(Ⅱ₁型),少数为腐泥型(Ⅰ型)(图 3-11),与干酪根镜检结果基本一致。因此,北部湾盆地流二段油页岩中水生浮游藻类来源的有机质丰富,具有较强的生油能力。

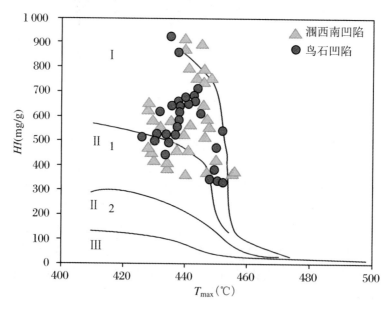

图 3-11 北部湾盆地流二段油页岩 HI 与 T_max 关系图(据李友川等改,2022)

3.4.2 生物标志化合物特征

生物标志化合物是指沉积有机质和原油中来源于活的生物体,在有机质演化过程中具有一定稳定性,没有或较少发生变化,基本保存了原始生化组分的碳骨架,记载了原始生物母质的特殊分子结构信息的有机化合物。因此,生物标志化合物可以反映沉积岩中有机质的来源和生源母质。

研究表明,C_{30} 4-甲基甾烷和基甾烷 C_{29} 规则是北部湾盆地流二段油页岩中具有重要意义的标志性化合物,北部湾盆地烃源岩有机碳含量与4-甲基甾烷指数($\sum C_{30}$ 4-甲基甾烷/基甾 C_{29} 规则甾烷比值)存在较好的相关性(图 3-12)。涠西南凹陷和乌石凹陷流二段油页岩通常具有较高的 C_{30} 4-甲基甾烷含量,4-甲基甾烷指数基本上大于1,60%以上的油页岩样品的4-甲基甾烷指数大于1.5,40%以上的油页岩样品的4-甲基甾烷指数大于2.0。4-甲基甾烷既可由甲藻(或沟鞭藻)形成,也可由某些细菌产生,淡水湖泊相的4-甲基甾烷主要为沟鞭藻生源,沉积物中藻类化石的含量与其丰度呈正相关。因此,北部湾盆地流二段油页岩中高丰度的4-甲基甾烷是藻类富集的重要标志,说明流二段油页岩形成时期藻类十分繁盛,这与前述北部湾盆地油页岩有机质主要来源于水生浮游藻类一致。

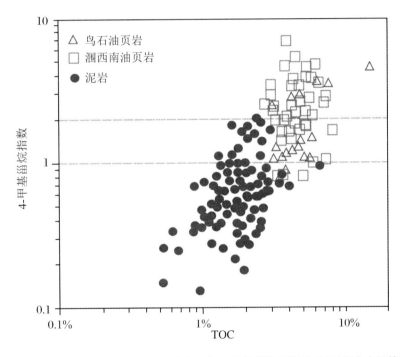

图 3-12 北部湾盆地油页岩和泥岩有机碳含量与 4-甲基甾烷指数关系图(据李友川等,2022)

3.4.3 油页岩形成物质基础

北部湾盆地流二段油页岩其有机质主要来源于水生浮游藻类,属于湖相油页岩,浮游藻类生产力越高,形成油页岩的物质基础就越好,更有利于形成优质油页岩。浮游藻类化石数量在孢藻中的比例是反映古湖泊生物生产力的重要标志,而浮游藻类化石丰度直接记录了古湖泊初级生产力的水平。一般来说,古湖初级生产力高,浮游藻类化石丰度高,在一些有机质富集层段,浮游藻类甚至能以化石纹层的形式保存下来。

浮游藻类的繁盛受诸多因素影响,但气候条件和古湖营养物质的丰富程度是两个最重要的因素。在温暖湿润的气候条件下,降水量丰富,植被发育稳定,稳定的植被减少了陆源碎屑物质向湖泊的供给,并带入了大量溶解的营养物质,有利于生物生长和浮游藻类的发育,有利于提高古湖的生物生产力。北部湾盆地流沙港组孢粉组合以喜热类型孢粉占优势,广温孢粉类型次之,喜温类型孢粉较少,同时喜热类型孢粉中热带-亚热带类型孢粉丰富,典型的热带类型孢粉较少,表明该时期整体为亚热带的气候类型。从反映干湿度的孢粉组合看,旱生类型孢粉均不发育,喜湿类型孢粉在流沙港组沉积时期较高,反映流沙港组沉积时期气候湿润,主要属于亚热带湿润气候,具备很好的浮游藻类生长的气候条件。

磷、硫、钾、钙、镁和铁是生物生长的必要元素,钼、锌、锰、硼、钴、碘、镍、钒等微量元素对生物的生长也起着重要的作用。北部湾盆地流二段烃源岩有机碳含量与微量元素之间存在较好的正相关关系(图3-13),有机碳含量越高,镍和钼元素的含量越高,尤其是油页岩普遍具有较高的镍和钼含量,其含量明显高于泥岩,说明流二段油页岩形成时期,古湖泊水体中镍和钼等微量元素含量高,明显具有富营养湖泊特性,从而为湖泊藻类的发育提供了很好的营养条件。

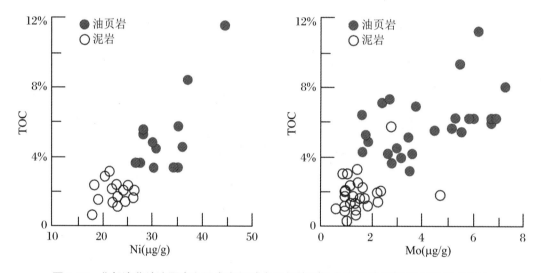

图3-13　北部湾盆地油页岩和泥岩有机碳含量与镍和钼含量关系图(据李友川等,2022)

3.4.4　有机质保存条件

有机质保存条件是影响油页岩形成的另一个重要因素,还原-强还原的沉积环境有利于有机质保存和油页岩的形成。在还原-强还原环境条件下,含氧底界面位于沉积物-水界面之上,在含氧界面以下形成富硫化氢的还原环境,沉积有机质得到很好的保存,因此还原硫含量可以作为评价沉积环境氧化还原性的重要指标。还原硫是指以沉积物中的二价硫(S^{2-})的百分含量表示的,反映沉积物氧化-还原环境的一种指标。还原硫含量越高,沉积环境的还原性越强,越有利于有机质的保存。

图3-14反映了北部湾盆地烃源岩还原硫含量与有机碳含量的关系。北部湾盆地流二段油页岩还原硫含量普遍高于泥岩的还原硫含量,95%的油页岩样品的还原硫含量高于1%,

59%的油页岩样品的还原硫含量高于3%,25%的油页岩样品的还原硫含量高于5%。油页岩的还原硫含量平均为3.63%,而泥岩的还原硫含量平均含量为0.35%,说明流二段油页岩中还原硫含量很高,属于富硫的沉积环境,沉积环境具有很强的还原性,有利于有机质的保存。

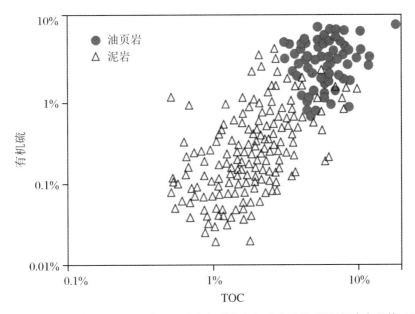

图3-14 北部湾盆地流二段油页岩和泥岩有机碳与有机硫含量关系图(据李友川等,2022)

V/(V+Ni)也是恢复水体氧化还原性的地球化学指标。V/(V+Ni)比值大于0.55代表厌氧环境,V/(V+Ni)比值介于0.56～0.55范围指示贫氧的沉积环境;V/(V+Ni)比值小于0.56指示富氧的沉积环境。北部湾盆地流二段油页岩V/(V+Ni)的比值介于0.78～0.91之间,平均为0.83,说明流二段油页岩形成时期处于厌氧沉积环境,与高的还原硫含量具有很好的一致性。

据梅博文等对中国不同沉积环境烃源岩和原油的研究,一般情况下,盐湖和咸水湖具植烷优势,Pr/Ph比值低于0.8,属于强还原环境;淡水-半咸水深湖相烃源岩和原油的Pr/Ph比值一般在0.8～2.8之间,属于还原-弱氧化环境;淡水湖相烃源岩和原油Pr/Ph普遍大于2.8,最高可大于5.0,属于弱氧化-氧化环境。北部湾盆地流二段油页岩Pr/Ph比值介于1.91～2.13之间,主要形成于还原-弱氧化环境。

3.5 流二段无机质组成特征

前人对现代湖泊水体富营养化和藻类勃发等方面的研究成果表明,磷(PY)、铁(Fe)、钼(Mo)等元素作为藻类生长的所必需的营养物质,对藻类的生长勃发有重要促进作用。值得说明的是,现代湖泊中由于工业排放原因导致的湖泊水体磷浓度过高,对湖泊中藻类的生长起到一定的限制作用,但在地质历史时期,古湖泊水体中可长期稳定维持的磷元素的浓度是很低的(约0.01 mg/L),达不到限制藻类生长的程度(0.555 mg/L),因此地质历史时期古湖盆中磷元素含量的增加对藻类的勃发是起促进而不是限制作用的。

油页岩有机质丰度高,显微组分以无定型藻类体为主,其形成对古湖盆藻类勃发程度和古生产力要求较高,因此富营养化湖盆是北部湾盆地流二段油页岩形成的先决地质条件。湖盆富营养化程度高有利于促进藻类勃发,提升古湖盆的生产力,有利于有机质的大量生产和富集。北部湾盆地流二段不同类型烃源岩样品元素分析结果表明,油页岩段钼(Mo)、磷(P)、铁(Fe)等营养元素含量丰富,油页岩发育段钼(Mo)、磷(P)、磷铝元素比值(P/Al)均呈现相对高值(图 3-15),表明油页岩沉积时期古湖盆的富营养化程度较高,能够为油页岩的形成提供必要条件。

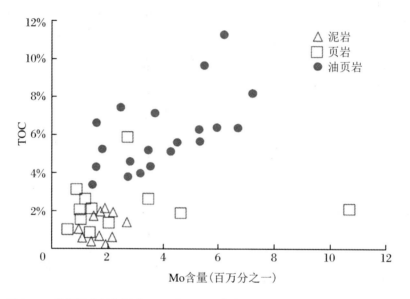

图 3-15 北部湾盆地烃源岩 TOC 与 Mo 元素含量交会图(据李友川等改,2022)

前人研究表明,湖盆的富营养化程度主要受控于物源区母岩类型与物源输入规模。本次研究发现,北部湾盆地涠西南凹陷和乌石凹陷流二段沉积时期湖盆的富营养化主要与凸起区花岗岩物源携带的营养物质输入有关。北部湾盆地涠西南凹陷和乌石凹陷流沙港组沉积时期主要有 3 个物源区,包括粤桂隆起、企西隆起和流沙凸起。钻井揭示企西隆起和流沙凸起基岩岩性主要为中生界花岗岩,基岩之上被涠洲组覆盖,花岗岩物源区在流二段沉积时期为风化剥蚀区,向涠西南凹陷和乌石凹陷提供物源,并在涠西南凹陷南部、乌石凹陷南部和北部流二段形成了多个(扇)三角洲沉积体。涠西南凹陷和乌石凹陷流二段油页岩发育段重矿物组合以锆石、金红石和褐铁矿为主,代表岩浆岩类的重矿物组合(如锆石、金红石和褐铁矿等),平均占比为 57%～71%。前人研究表明,岩浆岩中的花岗岩与沉积岩、变质岩以及其他的岩浆岩类型相比较,所含磷(P)、铁(Fe)、钼(Mo)等营养元素是最丰富的,这些元素主要赋存于花岗岩的黑云母、磷灰石等矿物中,在温暖湿润的气候条件下,经风化溶解随雨水,河流流入湖盆,为藻类勃发提供营养物质。

微量元素及其比值能较好地反映环境信息。Sr 的高含量是干旱炎热气候条件下水体浓缩沉淀的结果,因此 Sr 元素的含量会随着降雨量的增加而减少,低值指示温暖潮湿的气候条件,高值则指示干旱炎热的气候条件。Sr/Cu 值对古气候的变化也很敏感,通常 Sr/Cu

值 1~10 指示温暖湿润的气候,而 Sr/Cu 值>10 则指示炎热干旱的气候。沉积物中 Fe/Mn 高值对应温湿气候,低值是干热气候的响应。Sr/Ca 低值则指示温暖湿润的气候,高值指示炎热干旱的气候。Mg/Sr 值升高,指示温度升高,反之则指示温度降低。

微量元素和孢粉分析表明,北部湾盆地流二段沉积时期整体为热带-亚热带温湿气候,能够为油页岩形成提供有利的生态条件。流二段的 Sr/Cu 值介于 1~10 范围,流三段和流一段的 Sr/Cu 比值基本大于 10,说明北部湾盆地流二段沉积时期基本为温暖湿润气候,流三段和流一段沉积时期气候较流二段干旱。同时,流二段内部 Sr/Cu 及 Sr/Ca 值从下部—中部—上部呈现出小—大—小的变化趋势,Fe/Mn 和 Mg/Sr 比值呈现小—大的变化趋势,反映油页岩发育层段比泥岩和页岩段具有更低的 Sr/Cu 比和更高的 Fe/Mn 和 Mg/Sr 比,说明北部湾盆地流二段沉积尽管整体表现为温湿气候,但也呈现温暖潮湿—稍温凉干燥—温暖潮湿的变化趋势,油页岩形成时期气候更加温暖湿润,有利于藻类勃发和有机质的大量生成。

烃源岩中还原硫含量的高低可以较好地反映其沉积环境还原性的强弱,一般还原硫含量越高,沉积环境的还原性越强。分析表明,涠西南凹陷和乌石凹陷流二段油页岩段的 S, Fe^{2+} 含量明显高于流二段泥岩和页岩发育段,表明油页岩形成时期水体还原性更强,更加有利于有机质保存和富集(图 3-16)。

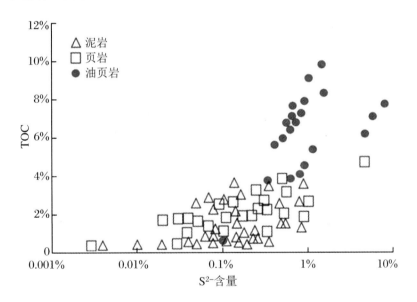

图 3-16 北部湾盆地烃源岩 TOC 与二价硫含量交会图(据李友川等修改,2022)

微量元素比值也可用来判别沉积水体的氧化还原性,如 V/(V+Ni) 比值大于 0.56 代表厌氧环境,比值在 0.56~0.6 范围指示贫氧环境,比值小于 0.56 表示富氧环境;Ni/Co、U/Th 等也被用于判断氧化还原条件,一般比值越大,还原性越强。涠西南凹陷 YY-26 井流二段下部油页岩段 V/(V+Ni) 值为 0.77~0.85,平均值为 0.81,指示厌氧还原环境;而该井流二段泥岩段 V/(V+Ni) 值为 0.75~0.79,平均值 0.77,反映流二段底部油页岩段沉积时期较泥岩沉积时期具有更强的水体还原性。

3.6 沉积岩相特征

利用岩心资料能够对北部湾盆地流二段进行最直观的判断识别。在岩心中,可观测到三角洲前缘分流河道、河口坝、席状砂等沉积微相。分流河道具有典型的正粒序韵律沉积特征。河道的正粒序特征表现在碎屑颗粒粒径和沉积构造的变化上:在粒径变化上,底部一般为砂砾岩,向上变为含砾粗砂岩、粗中砂岩、粉细砂岩,顶部为泥质粉砂岩、粉砂质泥岩和泥岩;在沉积构造上,正粒序韵律的底部发育冲刷面、块状构造,向上则出现平行、大型板状交错、槽状交错、小型波状层理,顶部发育水平层理或压实变形构造,层理规模由下至上逐次变小,显现出水动力能量由下至上变弱的特征(图3-17(a)~(c))。河口坝为反粒序,其反粒序特征主要表现在从下至上的粒度变化上,而沉积构造的韵律变化不明显。同时,河口坝中见波状层理和紫红色条带(图3-17(d)~(f)),波状层理为波浪成因,紫红色条带为水体浅的氧化环境中形成。席状砂也为反粒序,席状砂在单砂层厚度和沉积构造的规模上都比分流河道和河口坝的要小,席状砂中还可见大量炭屑夹层(图3-17(g)~(h))。

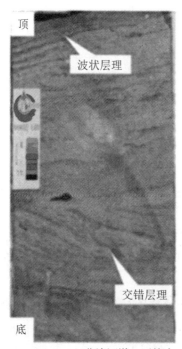 

(a) 2 604.31 m,分流河道,正粒序　　　(b) 2 604.44 m,分流河道,
　　　　　　　　　　　　　　　　　　　　　正粒序,平行层理

图3-17　流二段三角洲沉积相标志(据董贵能等,2020)

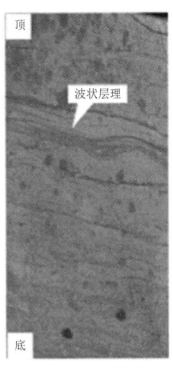

(c) 2 060.59 m，分流河道，正粒序

(d) 2 613.80 m，河口坝，
反粒序，夹波状层理

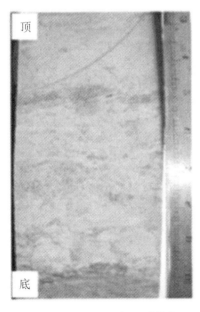

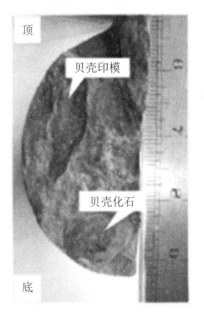

(e) 2 608.80 m，河口坝，反粒序，
局部紫红色

(f) 2 608.80 m，河口坝，
中粗砂岩，大量化石

图 3-17　流二段三角洲沉积相标志(据董贵能等,2020)(续)

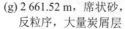

(g) 2 661.52 m，席状砂，
反粒序，大量炭屑层

(h) 2 661.52 m，炭屑层

图 3-17　流二段三角洲沉积相标志(据董贵能等,2020)(续)

3.7　FMI 成像测井特征

　　北海湾盆地流二段 FMI 成像测井分析表明:流二段为一套三角洲沉积(图 3-18)。测井岩性组合为一套厚层含砾粗砂岩、细砂岩与泥岩的互层沉积,测井曲线多呈反韵律叠加小型钟形、箱形的正韵律形态,其中 FMI 成像测井在 GR 呈箱形砂岩发育段可见交错层理发育,而且层系间交错层流二段 C-M 特征图理产状变化明显,反映水流强度的变化,还可见多期正粒序的叠加以及岩性接触面的冲刷充填构造,反映多期水道叠加的特征;而 FMI 成像测井在 GR 呈漏斗形层段可见多反韵律的叠加,粒度自下而上变粗,发育小型低角度交错层理,还可见生物钻孔、小型变形构造等。因此,综合分析认为测井钻遇三角洲前缘前端水下分流河道与河口坝复合体。

小　　结

　　① 北部湾盆地始新世沉积时期,湿热的气候以及花岗岩基岩风化输入的丰富的营养物质为浮游藻类繁盛创造了极好的条件,而湖侵体系域和高位体系域时期形成的中深湖环境为有机质保存提供了还原的沉积环境。高有机质生产力及湖侵体系域顶部和高位体系域底部中深湖相还原的沉积环境共同控制了流二段油页岩的发育。

　　② 北部湾盆地流二段油页岩形成条件为水生浮游藻类、富营养化的湖盆、温暖湿润的气候、还原-强还原沉积环境,其中水生浮游藻类、富营养化的湖盆和温暖湿润的气候主要控制有机质的高效产生,还原-强还原沉积环境控制有机质的高效保存。

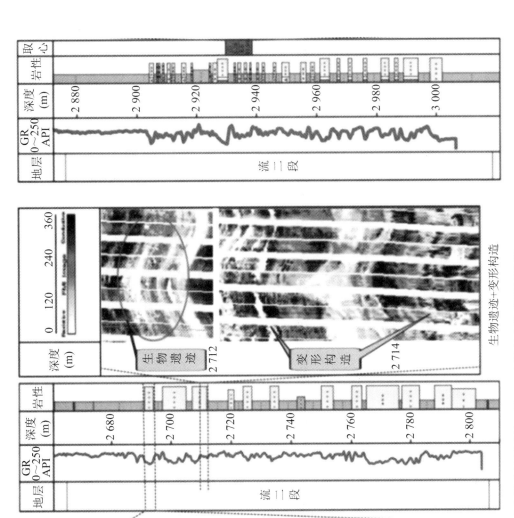

交错层理+正粒序+冲刷面

生物遗迹+变形构造

图3-18　北海湾盆地测井流二段FMI电阻率成像（据胡應胜等，2017）

4 油页岩孔隙结构表征

页岩储集空间以微纳米孔隙为主,发育多尺度多类型的微裂缝。页岩储集空间表征方法多种多样,主要有直接观察法、定量表征法和测井法,通过多尺度定性观察和定量评价,对页岩储集空间类型、大小、形态、分布及连通性等特征进行评价,为研究页岩油赋存特征及可动性等开发评价工作奠定基础。

4.1 孔隙表征方法与分类

4.1.1 孔隙表征方法

储集空间表征是页岩油储层评价的关键,以开展孔隙微观特征描述、孔隙多尺度观测、常规物性测试和质量定性评价为主,主要通过应用扫描电镜观测、实验测试等手段,研究页岩孔隙类型,描述孔隙特征,测定页岩孔渗等参数,研究页岩孔隙的演化趋势。目前页岩孔隙表征方法总体分为图像分析法、物理测试法与地质统计分析法3类(图4-1)。

4.1.1.1 图像分析法

图像分析法主要利用高分辨率电子显微镜(SEM,TEM,AFM)直观认识页岩孔隙特征,进行孔隙定性和半定量分析。图像分析法的优势在于能够直观显示孔隙形态,但其可行度和精确度受样品特征、样品预处理方式以及仪器性能等因素影响,且图像微区分析会降低其整体代表性,无法推广到储层规模。

4.1.1.2 物理测试法

物理测试法分为流体注入法与非物质注入法,可定量分析孔隙结构。流体注入法主要是在不同的压力下利用汞等流体及氮气和二氧化碳等气体的进入量与压力的关系得到孔径分布、比表面积等参数。非物质注入法主要为核磁共振法(NMR),主要利用孔径与流体弛豫时间 T_2 呈正相关的原理,得到页岩孔径的分布特征。

1. 高压压汞法

测试原理主要是测量不同静压力下进入脱气固体中的汞量,对应压力下的孔径可通过Washburn方程得出:

$$r = \frac{2\sigma\cos\theta}{P} \tag{4-1}$$

式中，θ 为汞与页岩表面的浸润角，单位为°；

　　σ 为汞的表面张力，单位为 N/m；

　　P 为汞的注入压力，单位为 Pa。

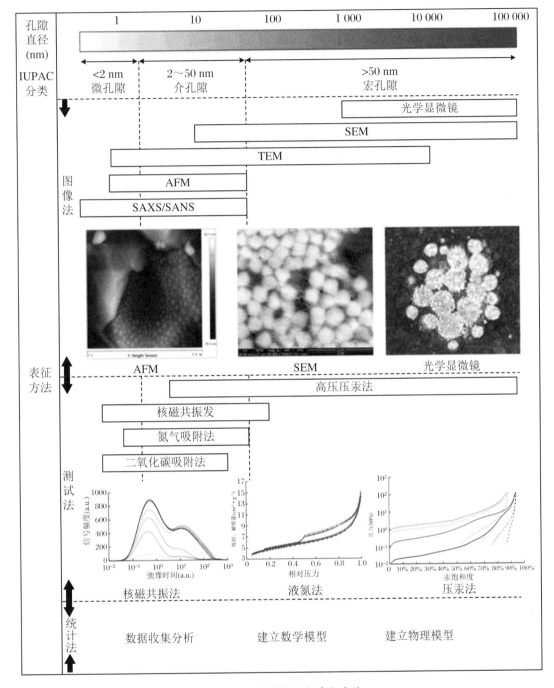

图 4-1　页岩储集空间表征方法

　　高压压汞法测试的孔径下限值受其最大工作压力的影响较大。高压压汞法的缺点在于难以测定页岩中的纳米级孔隙，并且高压会造成人工裂缝，影响测试结果，因此高压压汞法更适用于页岩宏观孔孔隙的表征。

2. 气体吸附法

主要分为氮气吸附法与二氧化碳吸附法,二者除测试的气体与测试精度不同外原理基本相同,主要是利用氮气/二氧化碳气体在多孔介质中吸附及毛管凝聚测量多孔介质的比表面积和孔隙体积以及孔径分布。

使用氮气和二氧化碳气体测试孔隙结构所用到的分析解释方法不同;氮气和二氧化碳分子大小接近,但临界条件下的氮气分子的活度低于标准状况下二氧化碳分子的活度,因此用二氧化碳测得的孔径范围更为精细。

3. 核磁共振法

核磁共振是指原子核在磁场作用下沿磁场方向呈有序平行排列,在无线电波作用下,原子核的自旋方向发生翻转。在实际页岩测试时,需对页岩进行水饱和处理。页岩孔隙流体中的氢原子数量与核磁共振分布曲线的峰面积呈正相关,经过转换可得到页岩孔隙度和孔径分布。

4.1.1.3 地质统计分析法

通过统计分析露头、钻井、测井以及实验测试等数据寻找相关规律,建立物理与数学模型,从而揭示页岩孔隙特征。地质统计分析法主要用于定量研究页岩孔隙特征及其演化趋势,是储集空间定量表征的重要发展趋势。

4.1.1.4 表征方法对比

图像观测法可以直观有效地获取储层微观形貌与结构特征,但其观测视域有限,近年来采用的大尺度扫描电镜拼接技术在一定程度上降低了微区观测对宏观储层特征分析带来的影响,但这一方法的观测尺度仍然相当有限。

物理测试法中常用到高压压汞实验与气体吸附实验(低温液氮/二氧化碳)。通过对比分析可知,气体吸附法能有效表征 100 nm 以下孔隙,二氧化碳吸附法能够较为准确地反映微孔孔径分布,氮气吸附法能够较为准确地反映介孔的孔径分布,而压汞法则能弥补氮气与二氧化碳吸附法对大孔分析的不足,但其缺点是单一方法表征范围有限。

地质统计分析法通过对孔隙的分类与数据统计,采用一定的数学方法或模型,进行储集空间的定量表征,其优点是统计学规律结果可靠,是评价选择优质储层的重要依据,但其缺点是部分地区页岩油开发时间尚短,储层孔隙特征历史数据较少,统计结果可能存在一定偏差。

4.1.2 储集空间分类

页岩油主要是以吸附态和游离态赋存在干酪根和黏土矿物表面和孔裂隙中,而页岩的孔隙和裂缝小到纳米级别,大到毫米级别。页岩油具有自生自储的特性,页岩的孔裂隙特征和结构的连通性直接影响原油的赋存和流动性,根据储层特征开展符合实际地质条件的孔隙类型划分和孔径特征的分析工作,对页岩油的勘探评价和开采至关重要。

页岩的组分一般包含:以干酪根为主的高分子聚合物、以伊利石为主的黏土矿物以及以黄铁矿为代表的主要杂基。不同地区页岩组分的含量相差较大,但以上3种物质在页岩中占据绝大部分质量。储层中各类组分相互混杂,有机质大分子无固定化学式和分子结构,在漫长的生烃演化与沉积成岩过程中,形成了较多的孔隙和裂隙,且孔隙分布尺度广,形态形貌复杂,非均质性强。

通过对页岩微观孔隙结构形态的观察和描述,将页岩微观孔隙划分为有机质孔、粒内孔、粒间孔及微裂缝4大类(表4-1)。利用氩离子抛光扫描电镜观察镜下泥页岩孔隙发育特征及其连通性,研究表明目的层段富有机质泥页岩发育丰富的孔裂隙,主要孔隙类型为有机质孔、粒内孔(脆性矿物、黏土矿物)、粒内溶蚀孔、晶间孔和粒间孔等,为页岩储层提供了良好的储存空间。

表 4-1　页岩微观孔隙类型划分

孔 隙 类 型		特 征 简 述
粒间孔	脆性矿物边缘粒间孔	沉积时颗粒支撑
	黏土矿物粒间孔	沉积时黏土矿物颗粒支撑
粒内孔	粒内溶蚀孔	矿物易溶部分溶蚀形成的粒内孤立孔隙
	晶体内孔隙	黄铁矿晶体间发育粒内孔
	黏土矿物粒内孔	片状黏土颗粒通过静电聚集形成与粗颗粒相当的液压状态
	生物成因孔	生物遗体中的空腔或与生物活动有关的产物
有机质孔	有机质内部孔隙	生烃后有机质体积缩小及气体排出
微裂缝	成岩收缩缝	成岩过程中脱水、干裂或重结晶
	溶蚀缝	流体沿裂缝流动过程中,对两侧围岩中易溶组分进行溶蚀,使溶缝扩大
	有机质演化异常压力缝	缝面不规则,不成组系,多充填有机质
	构造微缝	构造应力造成的岩石破裂

页岩储层中的粒内孔多发育在可溶解矿物和黄铁矿晶体中,主要有矿物粒内溶蚀孔、与干酪根热解有关的有机质孔及与生物成因孔(藻类、笔石、化石等)等。溶蚀孔为干酪根热解过程中的脱碳酸作用使得部分化学易溶蚀性矿物颗粒发生化学溶解,形状不规则、零星分布,彼此连通性较差,为相对孤立的孔隙。在酸性水介质条件下,碳酸盐岩矿物易发生溶蚀作用而形成的孔隙类型,以长石及方解石溶蚀孔最为常见,其特点是发育在颗粒内部,数量众多,呈蜂窝状或分散状。

粒间孔为较大粒径碎屑矿物之间以及细小粒状矿物之间的孔隙,主要为黏土矿物间的孔隙,形态不规则,孔隙大小不一。粒间孔多位于矿物边缘,多呈线状分布,是页岩在沉积成岩过程中发育在矿物颗粒之间的孔隙类型,分散于黑色页岩片状黏土、粉砂质颗粒间。粒间孔在成岩作用较弱或浅埋的地层中较常见,与上覆地层压力和成岩作用有关,通常形状不规则、连通性较好,可以相互之间形成连通的孔喉网络,受埋深变化影响较大,随埋深增加而迅速减少。

有机质孔是油页岩中的有机质在生烃或排烃时,气体发生膨胀而产生的微孔,在富有机质页岩层段内较为发育,以纳米级孔隙为主,是重要的页岩储集空间类型。

页岩中的微裂缝,主要包括在成岩阶段由于上覆地层压力、脱水、干裂或重结晶形成的成岩缝,地下水溶蚀作用形成的溶蚀缝以及构造应力作用下形成的构造缝等,分布不均,数量较少,但其结构宽度通常较大,常作为油气运移通道。

4.2 光学显微镜成像

从光学显微镜成像可观察到,L1 号样品主要为泥状结构,样品主要成分为泥质和粉砂碎屑颗粒,可见少量有机质;碎屑颗粒的主要成分为细小的长石和石英颗粒,有少量云母碎片,粉砂颗粒较均匀分布,有机质呈粒状和条带状分布,具微定向;可见 5 条构造缝顺层发育,缝宽 0.01～0.02 mm,裂缝未充填(图 4-2(a))。

L2 号样品主要为泥状结构,样品主要成分为泥质和粉砂碎屑颗粒,可见少量有机质和黄铁矿;碎屑颗粒的主要成分为细小的长石和石英颗粒,有少量云母碎片,粉砂颗粒较均匀分布,偶见粉砂条带顺层分布;有机质呈粒状和条带状分布,具微定向;黄铁矿零星分布;可见 3 条构造缝顺层发育,缝宽 0.01～0.02 mm,裂缝未充填(图 4-2(b))。

L3 号样品主要为泥状结构,样品主要成分为泥质和粉砂碎屑颗粒,可见少量有机质;碎屑颗粒的主要成分为细小的长石和石英颗粒,可见少量云母碎片,粉砂颗粒较均匀分布,偶见粉砂条带顺层分布;有机质呈粒状和条带状定向分布;可见 8 条构造缝顺层发育,缝宽 0.01～0.02 mm,裂缝未充填(图 4-2(c))。

L4 号样品主要为泥状结构,样品主要成分为泥质和粉砂碎屑颗粒,可见少量有机质和黄铁矿;碎屑颗粒的主要成分为细小的长石和石英颗粒,有少量云母碎片,粉砂颗粒较均匀分布,可见粉砂条带顺层分布,有机质呈粒状和条带状定向分布,黄铁矿零星分布;可见 2 条构造缝顺层发育,缝宽 0.01～0.02 mm,裂缝未充填(图 4-2(d))。

L5 号样品主要为泥状结构,样品主要成分为泥质和粉砂碎屑颗粒,可见少量有机质和黄铁矿;粉砂碎屑颗粒的主要成分为细小的长石和石英颗粒以及云母碎片,粉砂颗粒较均匀分布,有机质呈条带状定向分布,黄铁矿零星分布;可见 4 条构造缝顺层发育,缝宽 0.02～0.12 mm,裂缝未充填,其中缝宽约 0.12 mm 的裂缝贯穿样品,该裂缝疑似制样时形成(图 4-2(e))。

L6 号样品主要为泥状结构,样品主要成分为泥质和粉砂碎屑颗粒,粉砂定向呈层状分布,可见少量有机质和黄铁矿;粉砂颗粒的主要成分为细小的长石和石英颗粒以及云母碎片,粉砂颗粒较均匀分布,有机质呈条带状定向分布,黄铁矿零星分布;可见 3 条构造缝顺层发育,缝宽 0.01～0.04 mm,裂缝未充填(图 4-2(f))。

L7 号样品主要为泥状结构,样品主要成分为泥质和粉砂碎屑颗粒,粉砂定向呈层状分布,可见少量有机质和黄铁矿;粉砂碎屑颗粒主要成分为细小的长石和石英颗粒,可见云母碎片,粉砂颗粒较均匀分布,有机质呈条带状定向分布,黄铁矿零星分布;可见 2 条构造缝顺层发育,缝宽 0.01～0.03 mm,裂缝未充填(图 4-2(g))。

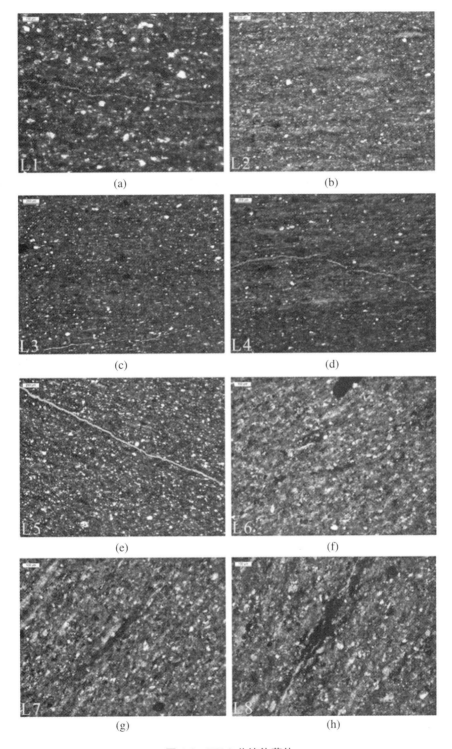

图 4-2 YY-2 井铸体薄片

L8 号样品主要为泥状结构,样品主要成分为泥质和粉砂颗粒,粉砂定向呈层状分布,可见少量有机质和黄铁矿;粉砂碎屑颗粒的主要成分为细小的长石和石英颗粒以及云母碎片,粉砂颗粒较均匀分布,有机质呈条带状定向分布,黄铁矿呈团块状分布;可见2条构造缝顺层发育,缝宽0.01~0.02 mm,裂缝未充填(图4-2(h))。

综上,在100倍光学显微镜下观察到YY-2井是以泥状结构为主,杂基中泥质的含量几乎高达80%,填隙物总量在90%左右,未见原粒内孔、粒间孔、有机质孔等,这可能是拍摄倍数太低以及拍摄环境的原因所致,同时这也印证了研究区流二段成熟度较低,孔隙不发育的特征。但从图像中可以清晰地观察到微裂缝的发育,多为构造缝,整体面孔率介于0~3%之间。

4.3 孔隙形貌特征

4.3.1 孔隙划分

4.3.1.1 粒间孔

流二段油页岩在黏土矿物、有机质、黄铁矿等矿物间广泛发育粒间孔,孔隙分布广,孔径最大可达10 μm;孔隙形状以近椭球状或棱角状为主(图4-3),主要包括黄铁矿晶间孔隙、脆性矿物粒间孔隙、黏土矿物层间孔隙。其中,黄铁矿晶间孔隙孤立地分布在黄铁矿集合体内部,相互不连通,多为纳米级孔隙(图4-3(a)、图4-3(c))。脆性矿物粒间孔隙以微、纳米级孔隙为主,由于黏土矿物颗粒和有机质在地层压力和温度作用发生塑性流动充填到孔隙中,会导致粒间孔减少(图4-3(e)~(f))。黏土矿物层间孔隙是由于黏土矿物在压实作用下发生脱水,析出层间水形成的微孔隙,连通性好,多呈扁平状或扁豆状,是重要的页岩气储集空间(图4-3(b)、图4-3(d))。

4.3.1.2 粒内孔

流二段油页岩粒内孔发育在颗粒内部(图4-4(a)),包括刚性颗粒内部溶蚀孔和草莓状黄铁矿结核内晶间孔。刚性颗粒内部溶蚀孔与成岩作用或溶蚀作用有关,页岩有机质热演化生烃时释放的有机酸或沉积成岩过程中侵入的酸性流体溶蚀石英、长石和方解石等不稳定矿物,从而在矿物颗粒内部形成溶蚀孔隙,溶蚀孔多孤立存在,呈圆形或椭圆形(图4-4(b)),连通性差。草莓状黄铁矿结核内晶间孔由黄铁矿晶体生长过程中不紧密堆积形成,多以草莓状单体或集合体出现,常呈簇状、网格状、圆形或不规则多边形。

4.3.1.3 有机质孔

有机质孔是发育在有机质内部的孔隙(图4-5)。流二段页岩中的有机质孔呈条带状和块状分布,并与草莓状、片状黄铁矿等无机矿物共生(图4-5(a)、图4-5(b)),孔隙直径从几十到几百纳米,有的甚至可达微米级(图4-5(c)、图4-5(d))。孔径相对较小,这与TOC分布规律一致。

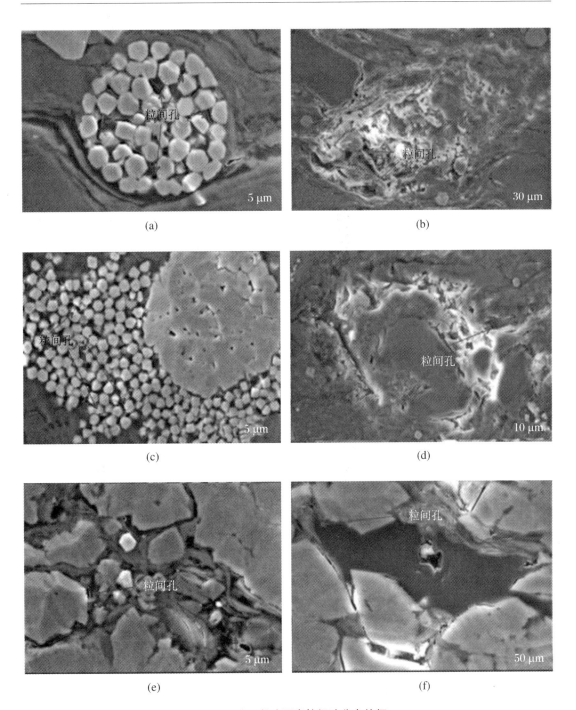

图 4-3　流二段油页岩粒间孔分布特征

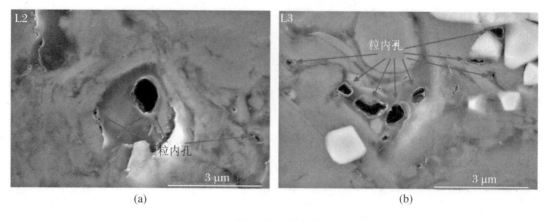

图 4-4　流二段油页岩粒内孔分布特征

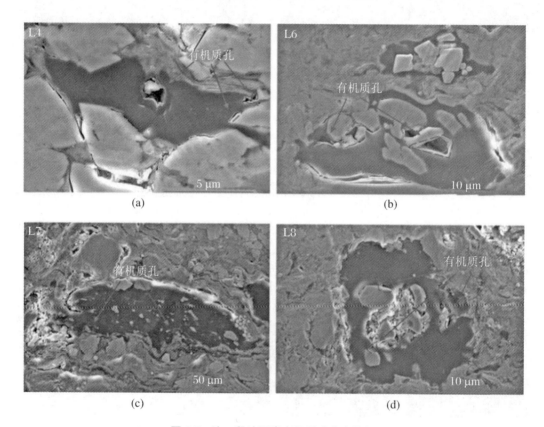

图 4-5　流二段油页岩有机质孔分布特征

4.3.1.4　微裂缝

页岩储层中的裂缝主要由黏土矿物转化脱水或烃类增压等非构造成因形成,脆性矿物(如石英)发育和富含有机碳的薄层泥页岩有利于形成裂缝(图 4-6)。扫描电镜图像显示,流二段页岩中裂缝较发育,一般发育在石英、黄铁矿等刚性颗粒中,呈条带状、不规则线状延伸,曲折度较小,有的贯穿刚性颗粒(图 4-6(a)、4-6(b)),有的在颗粒内部发育(图 4-6(c)、图 4-6(d))。

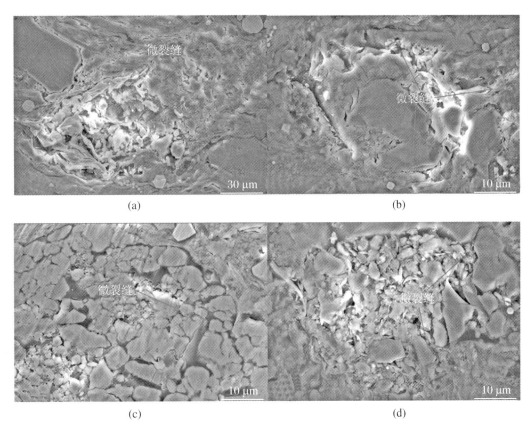

图 4-6 流二段油页岩微裂缝分布特征

4.4 基于 Pergeos 识别有机质孔隙

Pergeos 是一种地球化学数据处理和可视化软件,主要用于处理和分析地球化学数据,如岩石、土壤和水样品的元素含量数据。该软件不仅提供了丰富的数据处理和可视化功能,还可以进行统计分析、空间插值、图表绘制等操作,帮助地质学家、地球化学家、环境科学家等研究人员更好地分析地球化学数据。Pergeos 软件由 PerkinElmer 公司开发和维护。

4.4.1 降噪滤波

FFT Filter 模块的原理是基于傅里叶变换(Fourier Transform)的思想,它将图像从空域(Spatial Domain)转换到频域(Frequency Domain),以实现对图像的滤波处理。傅里叶变换可以将一个信号(包括图像)分解成一系列正弦和余弦函数的和,这些函数的频率和振幅可以反映信号的特征。

在 FFT Filter 模块中,将图像进行傅里叶变换后,可以得到图像的频谱(Spectrum),频谱中的每个点对应着图像中某个频率的信号。在这个频谱中,低频部分对应图像中的大尺度特征,而高频部分对应着图像中的小尺度特征。通过对频谱进行不同类型的滤波操作,可以保留或强化低频或高频部分,从而实现图像的增强或降噪等效果。例如,在进行高通滤波时,可以移除低频分量,保留高频分量,这样可以减少图像中的低频噪声和模糊度,同时增强图像中的高频细节;而在进行低通滤波时,则是移除高频分量,保留低频分量,这样可以平滑图像,减少图像中的高频噪声和细节,从而突出图像中的整体特征。

滤波处理方法具体如下:

(1) 将原始图像进行二维傅里叶变换,得到频域图像 $F(u,v)$:

$$F(u,v) = \sum\sum f(x,y)e\left[-j^{2\pi} - \left(\frac{ux}{N} + \frac{vy}{N}\right)\right] \tag{4-2}$$

式中,$f(x,y)$ 表示原始图像在像素位置 (x,y) 处的灰度值;

N 表示图像的尺寸;

u 和 v 表示在频域中的坐标。

(2) 将频域图像 $F(u,v)$ 与一个滤波器 $H(u,v)$ 进行点乘,得到处理后的频域图像 $G(u,v)$:

$$G(u,v) = H(u,v) \cdot F(u,v) \tag{4-3}$$

式中,$H(u,v)$ 表示滤波器在频域中的响应,它的大小和形状决定了滤波器的类型和效果。

(3) 将处理后的频域图像 $G(u,v)$ 进行逆傅里叶变换,得到处理后的图像 $G(x,y)$:

$$G(x,y) = \frac{1}{N^2}\sum\sum G(u,v)\left[j^{2\pi} - \left(\frac{ux}{N} + \frac{vy}{N}\right)\right] \tag{4-4}$$

式中,u 和 v 表示在频域中的坐标。

(4) 根据不同的滤波类型和滤波器响应,可以得到不同的滤波效果,例如,高通滤波器的响应函数为

$$H(u,v) = 1 - L(u,v) \tag{4-5}$$

式中,$L(u,v)$ 表示一个低通滤波器,通过将 $H(u,v)$ 与 $F(u,v)$ 点乘可以移除低频分量,从而实现高通滤波的效果。

低通滤波器的响应函数则为

$$H(u,v) = L(u,v) \tag{4-6}$$

式中,$L(u,v)$ 表示一个高通滤波器,通过将 $H(u,v)$ 与 $F(u,v)$ 点乘可以移除高频分量,从而实现低通滤波的效果。

4.4.2 物质分割

可采用 Marker-Based Watershed 模块对扫描电镜图像进行物质分割。Marker-Based Watershed 算法基于图像中的浸润区域(Watershed)概念,将图像看作一个地形地貌,其中浸润区域被视为山谷,而山峰则代表图像中的对象,该算法的基本思想是在图像中确定一些特定的像素点,称为标记点(Markers),然后利用这些标记点来划分图像中的对象和背景区域。标记点可以手动选择,也可以通过一些算法自动选择。Marker-Based Watershed 算法的流程如下:

1. 预处理

常用的方法包括高斯滤波、中值滤波、均值滤波等，用于减少图像中的噪声。

2. 计算梯度

梯度是指图像中每个像素点灰度值的变化率，可以用 Sobel 算子、Prewitt 算子等来计算。计算得到的梯度图像用于确定图像中的浸润区域。

3. 计算浸润区域

浸润区域是指图像中的连通区域，相邻的区域之间的分界线称为 Watershed Line。浸润区域的计算过程可以用基于距离变换的方法、基于梯度的方法等多种方法实现。基于梯度的方法是最常用的方法，其基本思想是将梯度图像看作一个地形地貌，通过计算梯度图像的水流路径来确定浸润区域。具体而言，可以使用基于 Flood-Fill 算法的方法来计算浸润区域。

4. 标记点选择

标记点是用来确定图像中的对象和背景区域的重要参考点，可以手动选择或者通过一些自动算法来选择。常用的自动选择算法包括基于局部极大值的方法、基于阈值的方法等。

5. 分割

根据标记点将图像分成若干个区域，其中每个区域代表一个对象。分割过程可以通过计算最小割来实现，也可以采用其他的图像分割算法。

这里首先创建梯度，用 Interactive Overlay Threshold 对原图像（图 4-7(a)）进行边界标记（粉色）、有机质划分（蓝色）、孔隙划分（绿色）、其他矿物划分（黄色）（图 4-7(b)）。

将所有物质都划分开后，再将各物质间的边界删除（图 4-7(c)），在梯度文档下运用 Expand Labels 模块对物质分割后的图像做优化处理。Pergeos 中的 Expand Labels 工具使用的算法是基于形态学操作的图像处理方法，具体而言，该算法的原理可以用以下公式表示：

$$A \oplus B = \bigcup A_b \tag{4-7}$$

$$b \in B \tag{4-8}$$

式中，A 表示待扩展的标签或区域；

B 表示用于扩展的结构元素；

A_b 表示将结构元素 B 放置在 A 中的每个位置 b 后得到的新的标签或区域。

基于上述公式，Expand Labels 工具可以按照不同的方式进行扩展。例如选择固定宽度扩展，则可以将结构元素 B 定义为一个宽度为 k、高度为 1 的矩形，然后对 A 进行膨胀操作。同理，选择固定高度扩展，则可以将结构元素 B 定义为一个宽度为 1、高度为 k 的矩形。如果选择基于给定的结构元素进行形态学扩展，则可以将结构元素 B 定义为任意形状的结构元素，如矩形、十字形、圆形等。膨胀扩展后的扫描电镜图像上的各物质的划分会更加准确（图 4-7(d)）。

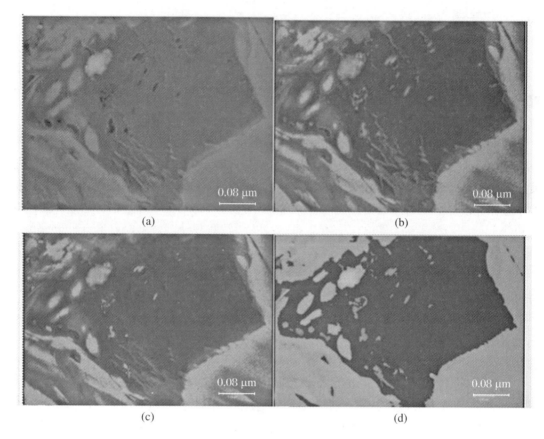

(a)

(b)

(c)

(d)

图 4-7　扫描电镜物质分割

4.4.3　有机质孔隙划分

首先对有机质图像做优化处理,运用 Dilation 模块,在有机质的基础上将边界向外扩展一个像素点,选用 Disc 圆盘输入,使边界更圆滑。Pergeos 中的 Dilation 模块是膨胀操作工具。膨胀是一种基本的形态学操作,用于扩大二值图像中物体的大小。其原理是在图像中扩大每个物体的边缘,使其更加连续和平滑。具体来说,对于二值图像中的每个像素,Dilation 模块将该像素周围指定半径内的像素都设为该像素的值,从而扩大物体的大小。膨胀操作的公式为

$$\text{Dilation}(A,B) = (A \oplus B) \tag{4-9}$$

式中,Dilation(A,B)表示输入图像 A 进行膨胀操作;

B 表示结构元素(也称为内核式模块);

$\oplus$表示膨胀操作。

对于二值图像,膨胀操作的卷积核通常是一个正方形或圆形,大小为膨胀半径的 2 倍加1。例如,对于一个二值图像,如果我们想将其中的物体膨胀 5 个像素点,则可以将卷积核设为一个 11\times11 的矩阵,然后对输入图像进行膨胀操作。如图 4-8 所示,边界在像素扩展后会更圆滑,孔隙划分更精准。

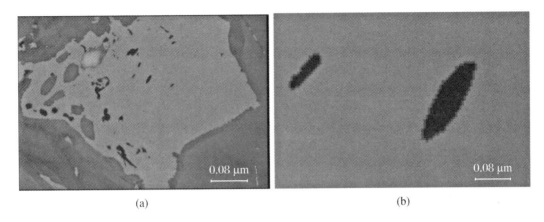

(a)   (b)

图 4-8 边界圆滑处理

    有机质孔是发育在有机质内部的孔隙,因此要准确地将有机质孔隙划分出来就需要先找出扫描电镜图像上有机质与孔隙的交集部分。先将扫描电镜中的有机质与孔隙单独提取出来(图 4-9(a)、图 4-9(b)),用 Labeling 模块对孔隙进行划分,分割出每一个单独的孔隙,再对每个孔隙进行标记(图 4-9(c))。

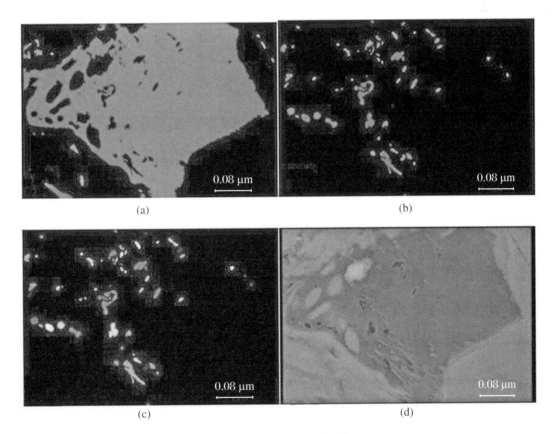

(a)   (b)

(c)   (d)

图 4-9 有机质及孔隙划分

    Labeling 模块是一种图像处理工具,常用于二值图像中,对不同的连通区域进行标记或编号。通过 Labeling 模块,可以快速准确地分离出图像中的不同对象或区域,并为每个对象或区域分配一个唯一的标记或编号。Labeling 模块可以通过连通区域分析(Connected Component Analysis)的方法,对二值图像中的每个连通区域进行标记或编号。标记的方式可以是逐行扫描、逐列扫描、基于 8 连通或基于 5 连通的扫描等不同的方式。标记的顺序可以是从左到右、从上到下、从小到大等不同的方式。连通区域的标记可以通过以下公式计算:

$$Label = n \times (i, j) + j \tag{4-10}$$

式中,Label 表示连通区域的标记;

n 表示图像的宽度,单位为 cm;

(i, j) 表示像素的坐标,i 代表行数,j 代表列数。

邻域关系可以根据需要进行选择,基于 8 连通或基于 5 连通的关系可以通过不同的邻域定义来实现。在计算标记或编号时,可以使用递归或者迭代的方法进行实现。需要注意的是,实际的连通区域分析算法可能涉及更多的细节和参数配置,例如边缘处理方式、标记顺序、标记规则等,具体的实现细节可以根据不同的应用场景和数据特征进行调整和优化。

在分离出有机质与孔隙并对孔隙进行处理编号后,用 Mask 模块求取两个图像相交的部分,Mask 用于基于一个二值掩膜图像,对另一个原始图像进行掩膜操作。该模块可以通过将掩膜图像中像素值为 0 的位置,对应的原始图像中的像素值设置为 0,从而实现对图像的掩膜。

掩膜操作在图像处理中经常用于去除或保留图像中的某些区域或特征。在遥感图像处理中,可能需要将地表覆盖类型相同的像元区分开,以便进行更精细的分析和应用。在这种情况下,可以先利用图像分类算法生成一个二值掩膜图像,然后使用 Mask 模块对原始遥感图像进行掩膜操作,只保留感兴趣的像元区域。除了基于二值掩膜图像进行掩膜操作外,Mask 模块还支持基于灰度图像的掩膜操作,在这种情况下,掩膜图像的像素值可以用来调节原始图像中对应像素的亮度或颜色,从而实现更加灵活的图像处理操作。将分割好的孔隙图像作为第一张图像输入,扩展像素后的有机质图像作为第二张图像输入,就能看到相交部分,此即有机质孔隙(图 4-9(d))。

通过对 Masked 文档进行 Labels Analysis 操作生成结果表格:3 个编号一样的部分表示相交部分,即为有机质孔隙。为了使有机质孔隙在图像上呈现出来,选用 Lable To Attribute 模块对数据进行处理,Label To Attribute 模块是一种用于将标签图像中的标签转换为属性值的工具。标签图像是一种灰度图像,其中每个像素的值表示该像素属于哪个区域或者哪个对象。在实际应用中,标签图像通常需要转换为属性值的形式,例如将每个区域的面积、周长、形状等属性提取出来,用于图像分析、目标检测、形状识别等。

Label To Attribute 模块的工作原理是根据标签图像中的每个标签,计算该标签所对应区域的属性值,并将这些属性值保存到属性表中。属性表是一种类似于数据库的数据结构,其中包含了所有区域的属性信息,用户可以通过该表进行数据查询、筛选、排序等操作。在 Pergeos 软件中,Label To Attribute 模块支持多种属性的计算,例如区域面积、周长、形状因子、边界框、中心点等。用户可以根据自己的需求选择需要计算的属性,并设置相应的参数,不同属性的计算公式不同,下面举例说明如何计算一个区域的面积和周长。

1. 计算区域面积

假设标签图像中的一个区域的像素值都为 1,可以使用下列公式计算该区域的面积:

$$A = \sum_{i=1}^{n} 1 \tag{4-11}$$

式中，n 为该区域内的像素数，由于像素值都为 1，因此将所有像素求和即可得到该区域的面积。

2. 计算区域周长

可以使用下列公式计算区域的周长：

$$P = \sum_{i=1}^{n} 1 \times d_i \tag{4-12}$$

式中，n 为该区域内的像素数；

d_i 表示第 i 个像素与其相邻像素之间的距离，无单位。

在实际应用中，通常将相邻像素之间的距离定义为 1，因此可以简化上述公式为

$$P = n \tag{4-13}$$

由于每个像素的距离为 1，因此将所有像素个数相加即可得到区域的周长。这里 Date 选择 Label-Analysis，Label Image 选择 All-Pores. Labels 文档，Attribute 选择 Maximum，即可将有机质孔隙在图像上呈现出来（图 4-10）。

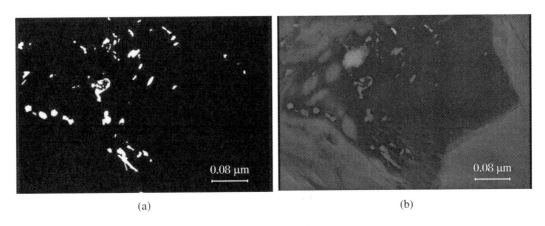

图 4-10　有机质孔隙

4.4.4　三维有机质孔隙模型

对三维的有机质孔隙模型建立，其步骤与 4.3.1,4.3.2,4.3.3 的步骤一样，不过是将导入 Pergeos 的二维岩石切片更换为三维 CT 扫描切片，这样在做完分割后，整个孔隙分割效果就能以三维模型呈现出来了（图 4-11）。虽然从三维模型上去看，有机质孔占比很大，但根据模型数据以及物理实验数据的对比可知 L1,L5,L8 的孔隙率偏低，究其原因是其中的孔隙小而多，导致使用软件建立孔隙三维模型时，会给人带来视觉上的差别，使有机质孔隙在模型中表现得很多。

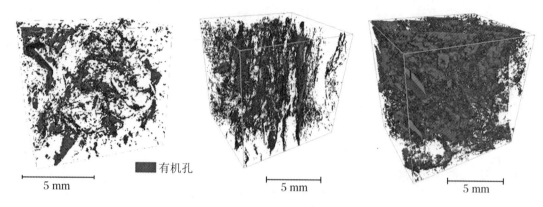

图 4-11   L1,L5,L8 三维有机质孔隙模型

4.5   深度学习语义分割

深度学习语义分割是指利用深度学习算法对图像中的每个像素进行分类,将其划分为不同的语义类别,如人、车、路面等。与传统的图像分类只需要对整张图片进行分类不同,语义分割可以对图片中的每个像素进行分类,具有更高的精度和更细的粒度。深度学习语义分割在许多领域都具有重要的应用,例如自动驾驶、医学影像分析、视频监控等。它可以帮助计算机更加准确地理解和分析图像,从而实现自动化的决策和处理。

深度学习语义分割的原理是基于深度学习的卷积神经网络(Convolutional Neural Networks,CNN)模型。CNN模型可以通过多层卷积和池化操作提取图像的特征信息,并将其转化为更高层次的抽象表示。在语义分割任务中,通常采用编码器−解码器(Encoder−Decoder)结构,通过编码器将输入图像降采样,同时提取特征信息,然后通过解码器将特征图进行上采样和卷积操作,从而生成像素级别的分割结果。为了进一步提高分割的精度,通常还会采用跳跃式连接(Skip Connections)等技术,以保留更多的细节信息。

在实际应用中,深度学习语义分割可以帮助汽车自动驾驶系统识别道路、行人、车辆等物体,并进行路径规划和决策;在医学影像分析中,可以帮助医生识别肿瘤、病变等病灶,并进行诊断和治疗;在视频监控中,可以帮助安保人员识别可疑行为和异常情况,并及时采取措施。

总之,深度学习语义分割具有重要的意义和广泛的应用前景,它可以帮助计算机更加准确地理解和分析图像,并在多个领域中发挥重要作用。随着深度学习算法和计算能力的不断提高,深度学习语义分割将在未来发挥越来越重要的作用。

深度学习语义分割涉及多种模型,以下是几种常见的模型:

1. FCN(Fully Convolutional Network)

FCN是深度学习语义分割的先驱模型,它将卷积神经网络中的全连接层替换为卷积层,使得网络可以接受任意尺寸的输入图像,并输出像素级别的分割结果。

2．U-Net

U-Net 是一种基于编码器－解码器结构的深度学习语义分割模型,它通过跳跃式连接技术将编码器和解码器之间的信息进行传递,保留更多的细节信息,提高分割精度。

3．SegNet

SegNet 是一种基于卷积神经网络的语义分割模型,它采用自编码器的思想,将输入图像编码成低维特征向量,然后通过反卷积操作进行解码,得到像素级别的分割结果。

4．DeepLab

DeepLab 是一种基于空洞卷积的语义分割模型,它采用多尺度空洞卷积和条件随机场(CRF)等技术,提高了分割精度和鲁棒性。

5．PSPNet

PSPNet 是一种基于金字塔池化的语义分割模型,它采用不同大小的池化核对特征图进行金字塔池化,从而捕捉不同尺度的上下文信息。

以上是几种常见的深度学习语义分割模型,每种模型都有其特点和优缺点,可以根据具体的应用场景和需求选择合适的模型。

4.5.1　FCN 模型

FCN(Fully Convolutional Network)模型(图 4-12)的起源可以追溯到 2015 年,它是由 MIT 计算机科学与人工智能实验室(CSAIL)的研究人员开发的。该模型的主要目标是自动地判断新闻报道中的事实是否准确。

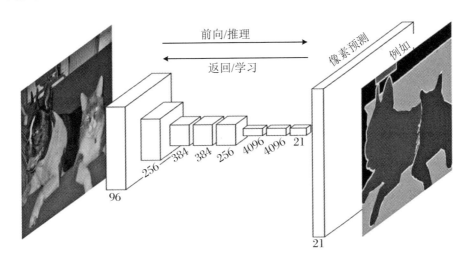

图 4-12　FCN 模型图

该模型基于深度学习技术,使用了双向长短期记忆网络(Bidirectional Long Short-Term Memory,BiLSTM)和卷积神经网络(Convolutional Neural Networks,CNN)等算法,通过对文本中的语言和语义信息进行学习和理解,可以实现自动化的事实核查。

FCN 模型的开发背景是人们越来越难以判断网络上(特别是社交媒体上)所流传的信息是否属实。因此,该模型被认为是一种应对虚假信息的新型工具,具有广泛的应用前景。

4.5.2　Deeplab 模型

Deeplab 模型起源于 2015 年,由 Google Brain 团队的研究人员开发。该模型的主要目标是通过图像分割技术对图像中的像素进行分类和标注,以实现更准确的图像理解和分析。

在图像分割任务中,传统的 CNN 往往存在两个问题:一是池化操作导致分辨率降低,难以准确捕捉图像中的细节信息;二是 FCN 虽然能够输出像素级别的标注结果,但是难以处理多尺度图像。

为解决以上问题,Deeplab 模型采用了空洞卷积(Atrous Convolution)和多尺度处理等技术,有效地提高了模型的分割精度和效率。Deeplab 模型的空洞卷积操作可以在不增加参数数量的情况下增加感受野,从而提高了分割的准确度;而多尺度处理则可以通过对输入图像进行缩放和裁剪,使模型能够更好地应用于不同尺度图像的处理。

Deeplab 模型成功应用于语义分割、实例分割和人体姿态估计等多个领域,成为了图像分割领域的重要模型之一。

4.5.3　U-net 模型

U-net 模型起源于 2015 年,由德国图像语音处理研究所(Institute for Computer Science,ICS)的研究人员提出。该模型主要用于图像分割,特别是医学影像分割任务,如医生在 CT 图像中分割肿瘤、检查肺部病变等。

在传统的 CNN 中,由于层与层之间的信息流失,往往会导致图像分割的准确率不高。为了解决这个问题,U-net 模型采用了一个 U 形的结构,即从上至下的编码器(Encoder)和从下至上的解码器(Decoder),在编码器中通过卷积和池化操作将输入图像降采样,同时提取特征信息,然后在解码器中将特征图进行上采样和卷积操作,从而生成像素级别的分割结果。此外,U-net 模型还采用了跳跃式连接(Skip Connections)来连接编码器和解码器中的对称层,从而可以保留更多的细节信息,提高分割的精度。

U-net 模型在医学影像分割任务中取得了很好的效果,并且已经被广泛应用于许多其他领域的图像分割任务中,成为了一个经典的图像分割模型。

4.6　孔隙结构表征

4.6.1　微孔结构特征

与液氮吸附实验相比,二氧化碳实验流程基本相同,只是测试气体(吸附质)不同且二氧化碳实验测试范围更小、精度更高。对于孔隙尺寸较小的微孔系统,可利用二氧化碳吸附实验精细表征页岩微孔结构,实验主要以二氧化碳为吸附质,在低温下测定不同相对压力下的二氧化碳吸附量,然后通过微孔气体吸附的DFT方程计算微孔孔径分布。

通过开展低温二氧化碳吸附实验,可以获得流二段油页岩孔径 $D<2$ nm 的结构特征(图4-13、图4-14),流二段孔容随孔径的变化率曲线表明,基于DFT模型,孔径分布曲线存在多个峰值,主要分布在0.5～0.7 nm 范围,表明在微孔系统中孔隙出现在该孔径范围内的可能性最大(图4-13);基于BET模型,孔径分布曲线也存在多个峰值,主要分布在0.5～0.8 nm 范围,其中以0.5～0.7 nm 范围的峰值最大,表明微孔中以0.5～0.7 nm 的孔隙数量最多(图4-14)。

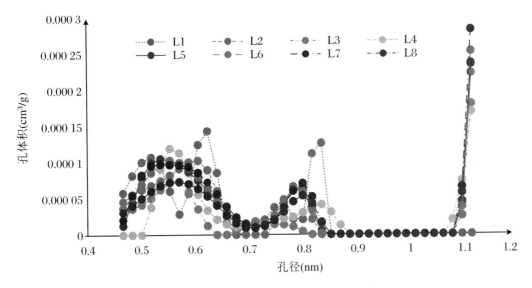

图 4-13 流二段油页岩微孔体积分布特征(DFT 模型)

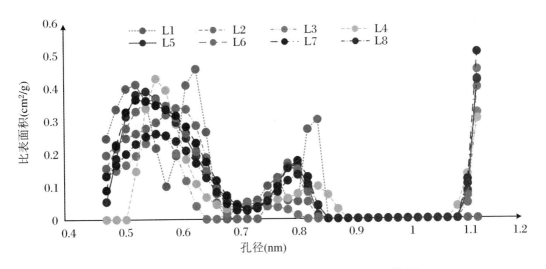

图 4-14 流二段油页岩微孔比表面积分布特征(BET 模型)

4.6.2　介孔结构特征

低温液氮实验对页岩微孔结构分析也极为重要。与压汞实验不同的是,液氮吸附实验的测试精度更高,能够测试孔径范围更小的微孔。根据实验测试数据,对研究区样品流二段样品的微观孔径分布进行分析,采用 DFT 模型与 BET 模型计算孔径分布,再建立孔径-比表面积模型,得到如图 4-15、图 4-16 所示孔径分布曲线。

通过开展低温氮气吸附实验,可以获得流二段油页岩孔径介孔结构特征(图 4-15、图 4-16)。

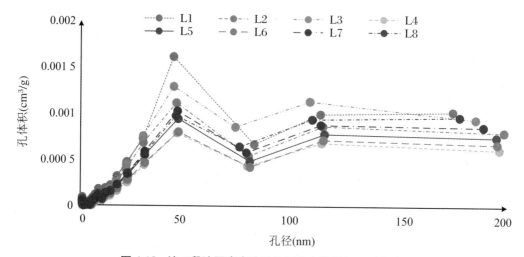

图 4-15　流二段油页岩介孔孔体积分布特征(DFT 模型)

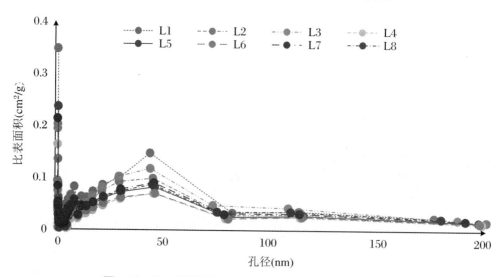

图 4-16　流二段油页岩介孔比表面积分布特征(BET 模型)

基于低温液氮吸附实验数据,DFT 模型以及 BET 模型对页岩微孔和过渡孔的描述相对较好。DFT 模型孔径分布曲线表明页岩孔隙孔径主要集中在 200 nm 以内,存在 50 nm 和 120 nm 两处优势孔径(图 4-15)。BET 模型孔径分布曲线表明页岩孔隙孔径主要集中在

80 nm 以内,存在 10 nm 和 50 nm 两处优势孔径(图 4-16)。结合 DFT 模型和 BET 模型共同分析发现流二段页岩优势孔径主要位于 10～60 nm,在该孔径区间的孔隙发育较好。

4.6.3　宏孔结构特征

通过开展高压压汞实验,可以获得流二段油页岩宏孔结构特征(图 4-17、图 4-18)。流二段油页岩宏孔孔体积分布特征结果表明,流二段优势孔径主要位于 10～5 000 nm;流二段油页岩宏孔比表面积分布特征结果表明,作出较大贡献的孔径主要位于 10～50 nm。

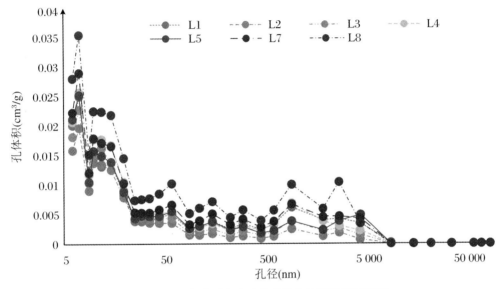

图 4-17　流二段油页岩宏孔体积分布特征(DFT 模型)

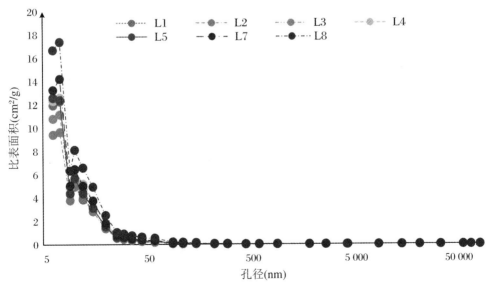

图 4-18　流二段油页岩宏孔比表面积分布特征(BET 模型)

不同样品进退汞曲线差别很大,基本可以分为以下 3 种类型(图 4-19)。

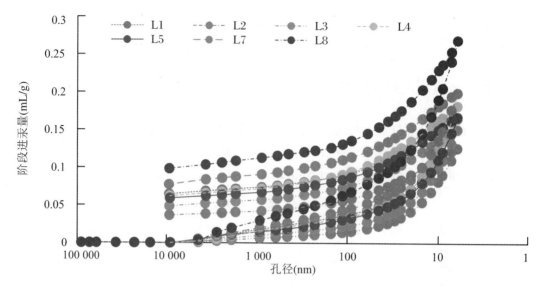

图 4-19　流二段油页岩进退汞曲线

第一类压汞曲线孔隙滞后环宽大，进汞和退汞体积差大，如样品 L8，表明在压汞所测试的孔径范围内开放孔极多，孔隙连通性极好，退汞曲线初始为上凸或水平，表明这阶段以开放孔(平行板状孔)为主，这种孔径结构很有利于页岩气的解吸、扩散和渗透。

第二类压汞曲线孔隙滞后环较宽，进汞和退汞体积差较大，如 L1，L5，L7，表明在压汞所测的孔径范围内开放孔较多，孔隙连通性较好，这种结构较有利于页岩气的解吸、扩散和渗透。

第三类压汞曲线孔隙滞后环较窄，进汞和退汞体积差较小，如 L2，表明在压汞所测试的孔径范围内开放孔较少，孔隙连通性一般，这种孔隙结构较不利于页岩气的解吸、扩散和渗透。

基于高压压汞实验得到的流二段页岩压汞孔隙度介于 2.2%～6.0%，平均孔隙度为 5.39%，结合流二段油页岩 TOC 含量及渗透率变化特征，两者之间表现出较好的正相关关系，TOC 含量越高，储层孔隙度越高(图 4-20(a))，其与高含量的有机质可以提供大量相互联通的孔隙结构有一定关系；而石英含量与渗透率之间存在较好的负相关关系，石英含量越高，储层孔隙度越低(图 4-20(b))，其原因是流二段地层处于生油阶段，成岩演化早期阶段，石英含量越高，越不利于形成相互连通的孔隙结构。

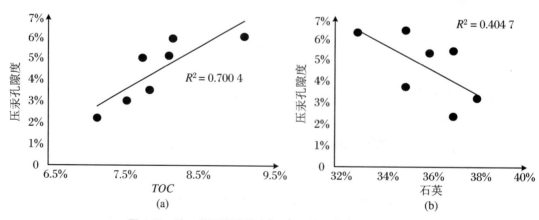

图 4-20　流二段页岩孔隙度与 TOC 及石英含量变化关系

4.6.4 孔隙结构联合表征

通过不同流体注入实验手段可以有效地获得油页岩中孔隙定量特征,但受限于流体介质或实验原理的差异性,单一流体无法有效表征纳米级及微米级的全尺度孔隙分布规律。多位学者认为低温二氧化碳实验表征岩石中 0.5～1 nm 范围的孔隙结果是可靠的,低温氮气吸附实验表征 1～100 nm 范围的孔隙结果是可靠的,高压压汞实验表征 100 nm 以上范围的孔隙结果是可靠。基于此,研究团队针对 3 种流体注入实验结果,进行流二段油页岩储层孔隙结构联合表征(图 4-21、图 4-22)。

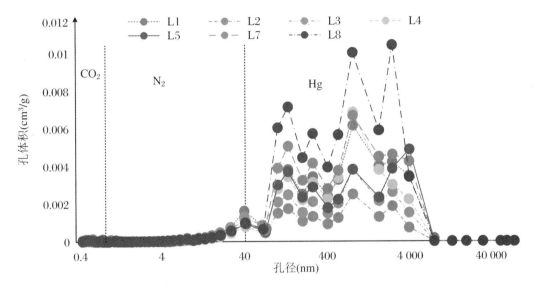

图 4-21 流二段油页岩流体注入实验孔径-孔体积联合表征

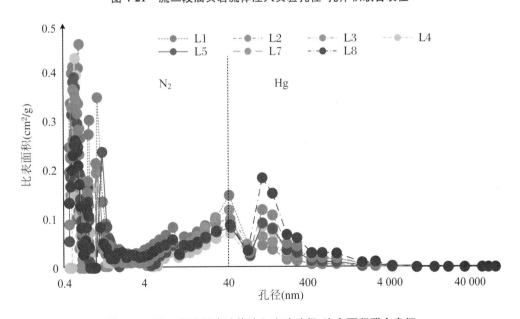

图 4-22 流二段油页岩流体注入实验孔径-比表面积联合表征

4.7　孔隙分形特征

　　许多学者对岩石中孔隙结构的分形特征进行了研究,指出孔隙分布具有统计意义上的自相似性,并引入分形维数描述孔隙的分布特征。分形维数不仅可以描述页岩孔隙大小和分布均匀程度,而且可以描述页岩孔隙形态的复杂程度。因此,分形维数成为定量描述页岩孔隙结构的重要参数,本节分别应用高压压汞数据和低温液氮数据研究不同孔径分布的孔隙分形特征。

4.7.1　基于高压压汞孔径大于 50 nm 的孔隙分形

　　利用压汞数据,运用 Washburn 方程构建对数方程,借助 Menger 海绵构造思想,有效描述页岩较大孔隙的形态特征,分形维数计算公式为

$$D = 4 + K \tag{4-14}$$

式中,K 为高压压汞数据 $\lg(\mathrm{d}V_\mathrm{p}/\mathrm{d}P)$ 与 $\lg P$ 的拟合一元线性方程的斜率,即

$$K \propto \frac{\dfrac{\mathrm{d}V}{\mathrm{d}P}}{\lg P} \tag{4-15}$$

式中,V_p 为进汞阶段某压力点下累计孔隙体积,单位为 mL/g;

　　P 为进汞压力,单位为 MPa。

　　根据一元线性方程的斜率可求得孔隙分形维数,得到孔隙分形特征(图 4-23)。

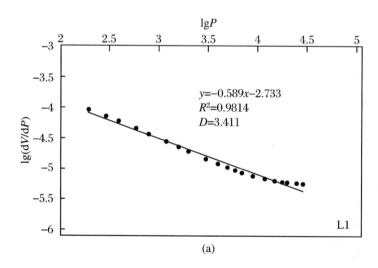

(a)

图 4-23　页岩孔隙分形特征(孔径＞50 nm)

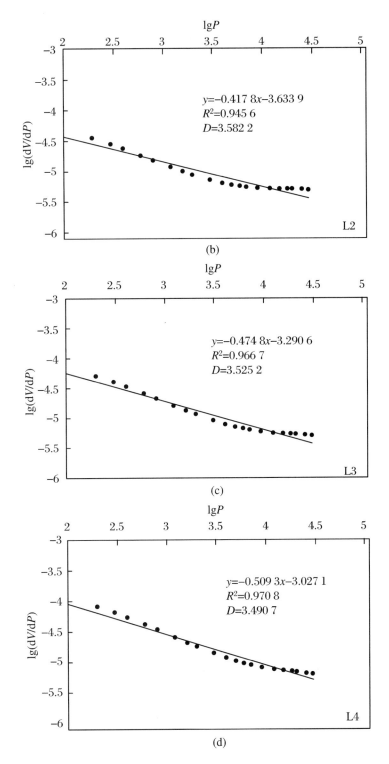

图 4-23　页岩孔隙分形特征(孔径＞50 nm)(续)

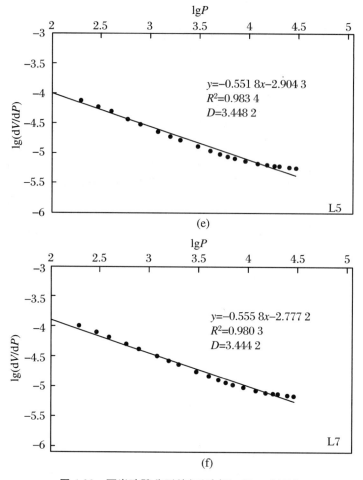

图 4-23　页岩孔隙分形特征(孔径＞50 nm)(续)

4.7.2　基于低温液氮孔径小于 50 nm 的孔隙分形

页岩微孔及过渡孔分形维数计算方法较多,目前应用较为广泛的是 FHH 模型,其中曲线斜率 K 的计算公式为

$$K \propto \frac{\ln\left(\dfrac{V}{V_0}\right)}{\ln \ln\left(\dfrac{P_0}{P}\right)} \tag{4-16}$$

式中,V 为平衡压力 P 下吸附的气体分子体积,单位为 cm^3/g;

V_0 为单分子层吸附气体的体积,单位为 cm^3/g;

P_0 为气体吸附的饱和蒸汽压,单位为 MPa。

由于不同类型多孔介质的吸附行为具有很大的差异性,针对较小孔径孔隙分形维数,主要采用公式(4-17)进行计算:

$$D = K + 3 \tag{4-17}$$

计算得到分形如图 4-24 所示,其中 L2 号样品分形拟合度为 0.901 3,其余各样品均大于 0.95,可能是样品处理不当或者试验数据有误差造成的。

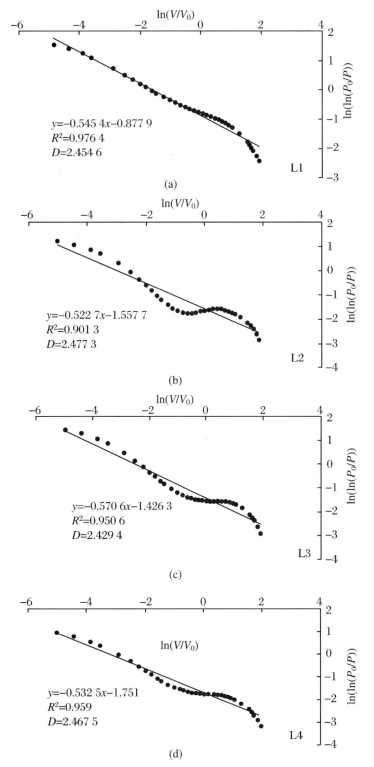

图 4-24　页岩孔隙分形特征(孔径＜50 nm)

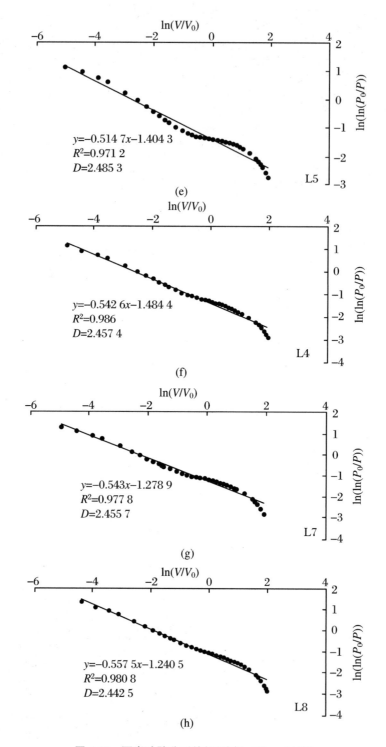

图 4-24 页岩孔隙分形特征(孔径<50 nm)(续)

4.7.3　孔隙分形结果

结合压汞和液氮实验数据,根据公式(4-14)、公式(4-17)计算分形维数,确定流二段孔隙分形维数结果如表4-2所示。

表 4-2　流二段页岩孔隙分形维数

样品编号	D(孔径>50 nm)	R^2	D(孔径<50 nm)	R^2
L1	3.511 0	0.981 5	2.555 6	0.976 5
L2	3.582 2	0.955 6	2.577 3	0.901 3
L3	3.525 2	0.966 7	2.529 5	0.950 6
L4	3.590 7	0.970 8	2.567 5	0.959 0
L5	3.558 2	0.983 5	2.557 5	0.986 0
L6	—	—	2.856 8	0.985 3
L7	3.555 2	0.987 3	2.555 7	0.977 8
L8	—	—	2.552 5	0.980 8

流二段分形维数拟合结果显示基于压汞数据和液氮数据求得的分形维数拟合度均大于0.9,表明流二段页岩孔隙符合分形规律,具有自相似性。其中孔径大于 50 nm 的分形维数 D 介于 3.511 0～3.582 2 之间,平均为 3.583 6;而孔径小于等于 50 nm 的分形维数 D 介于 2.529 5～2.856 8 之间,平均为 2.505 2。比较而言,孔径小于 50 nm 的微孔和过渡孔孔隙结构相对简单,而孔径大于 50 nm 的中孔和大孔孔隙结构更为复杂。

小　　结

① 北部湾盆地广泛发育粒间孔、粒内孔、有机质孔和微裂缝,有利于页岩储层发育。

② 页岩孔隙表征方法总体分为图像分析法、物理测试法与地质统计分析法 3 类,基于现有测试手段和孔隙分类方案的客观性与实用性,页岩孔隙主要以基质孔隙和微裂缝为主,其中基质孔隙进一步细分为脆性矿物微孔隙、黏土矿物层间孔隙和有机质孔隙等。

③ 不同矿物组分对页岩孔隙的贡献程度不同,孔隙联合表征表明,研究区页岩微孔贡献度较大,吸附主要以微孔为主。

④ 北部湾盆地流二段页岩孔隙符合分形规律,孔径分布范围较广,通过高压压汞-气体吸附(低温液氮和低温二氧化碳)对页岩储层储集空间进行了联合表征,结果表明,流二段流沙港组页岩孔径小于 50 nm 的微孔和过渡孔孔隙分形维数平均为 2.505 2,孔隙结构相对简单;孔径大于 50 nm 的中孔和大孔分形维数平均为 3.583 6,孔隙结构较微孔更为复杂。

5 数字岩心三维模型结构特征

5.1 岩心样品信息

通过岩心、岩石薄片和扫描电镜等资料的观察分析，北部湾盆地流二段油页岩发育多且小的微孔隙和裂缝，是页岩油的主要储集空间。孔隙类型主要为粒间孔、晶间孔、溶蚀孔等，其孔径大小一般在几微米到几十纳米，以几百纳米级孔为主(图 5-1、图 5-2)。同时，在油页岩岩心样品中可见平行或垂直于层理面的多期微裂缝，裂缝一般较平直，是页岩油的储集空间类型之一，也是页岩油的重要渗流通道。

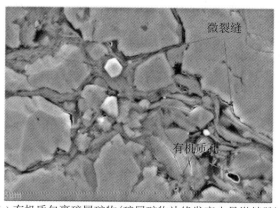

(a) 有机质包裹碎屑矿物(碎屑矿物边缘发育少量微缝隙)

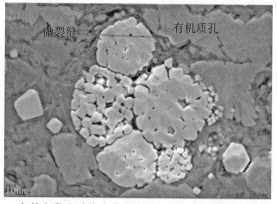

(b) 杂基和黏土矿物中发育微孔隙(部分被有机质充填)

图 5-1 北海湾盆地流二段页岩油储集层扫描电镜图

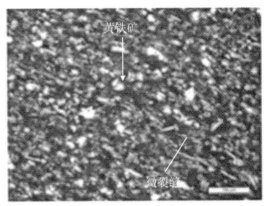

(a) 3 021.60～3 021.74 m，粉砂岩
平行层理，沙纹层理，浊流沉积

(b) 2 926.31 m，油页岩夹砂质纹层，
矿物定向排列，局部见微裂缝

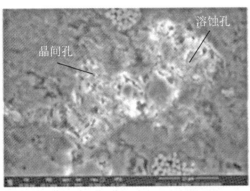

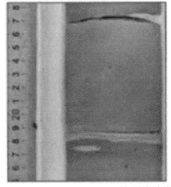

(c) 2 408.00 m，油页岩，黏土矿物晶间
孔和溶蚀孔较发育，局部被有机质充填

(d) 3 012.21～3 012.35m，油页岩夹粉砂
质纹层，页岩发育

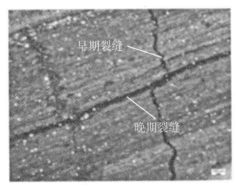

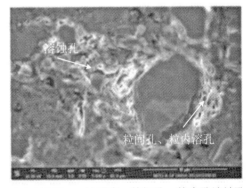

(e) 2 540.00m，油页岩，高频层理发育，矿物定
向排列，见多期微裂缝，部分被有机质充填

(f) 2 445.00m，油页岩，粒间孔、粒内孔溶蚀孔
较发育，部分被有机质充填

图 5-2　北海湾盆地流二段页岩油储集层岩心及显微照片

　　本次数字岩心分析的研究顺序按照从宏观到微观的原则进行。实验中选取尺寸较大样品进行微米 CT 扫描，主要目的是全面了解所送样品的整体状态（表 5-1）。微米 CT 扫描 3D结果及不同方向切片图像显示样品相对较致密，在此分辨率下可见部分矿物颗粒上有亮色斑点和暗色条纹，亮色为高密度矿物，暗色为孔缝，整体均质性较强（图 5-3）。但在此分辨率下对孔隙的识别有较大的局限性，需要进行更高分辨率的扫描实验。

表 5-1 CT 扫描裂隙评价

样品编号	扫 描 像 素	分辨率(μm)	评 价
L1	2 600×2 600×1 900	9.11	局部发育高密度矿物条带,裂缝沿层理发育
L2	2 600×2 600×1 900	9.69	样品整体均质性较好,裂缝沿层理发育
L3	2 600×2 600×1 900	9.69	样品整体均质性较好,局部发育高密度矿物
L4	2 600×2 600×1 900	9.61	样品存在岩性矿物突变界面,高密度矿物区域逐渐减小,斜交层理发育方向
L5	2 600×2 600×1 900	9.61	样品整体均质性较好,裂缝沿层理发育
L6	2 600×2 600×1 900	9.61	样品整体均质性较好,裂缝沿层理发育
L7	2 600×2 600×1 900	9.69	样品整体均质性较好,局部发育高密度矿物
L8	2 600×2 600×1 900	9.69	样品存在岩性矿物突变界面,高密度矿物区域逐渐减小,斜交层理发育方向

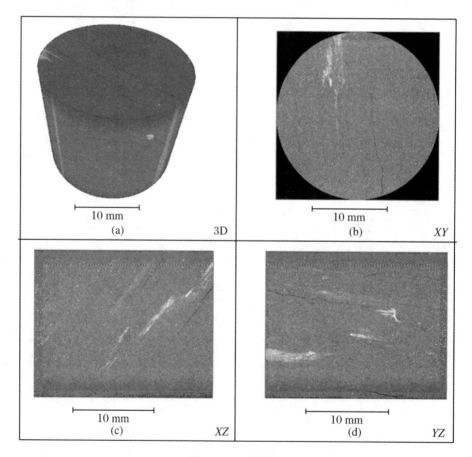

图 5-3 L1 号样品

(a) 三维效果图(左上);(b) 俯视面图(右上 *XY* 方向);(c) 正视剖面图(左下 *XZ* 方向);(d) 正视剖面图(右下 *YZ* 方向)

综上,YY-2 井不同深度的 8 块油页岩样品中,L2,L4 和 L5 号样品均质性较强,L1,L3

和 L7 号样品局部发育高密度矿物,L6 和 L8 号样品存在岩性矿物突变界面,本次实验选取 L1,L5 和 L8 共 3 块样品进行更高精度的数字岩心扫描分析。

5.2　数字岩心建模

5.2.1　CT 扫描数据处理

本次数字岩心分析的研究顺序按照从宏观到微观的原则进行。以 L1,L5,L8 号样品为例,首先对岩心样品进行微米 CT 岩心整体扫描,图像具有 10 μm 的分辨率。通过整体扫描能够观察到岩心内部构造的三维图像。在该分辨率下,可观测岩心的非均质性,但是无法观测到油页岩的孔喉以及孔隙。对 L1,L5,L8 号岩心进行了微米 CT 扫描,CT 扫描数据体像素数均为 2 600×2 600×1 900,分辨率 9.11 μm(图 5-4)。从 CT 整体扫描图像上可以看到,L1 号样品油页岩局部发育高密度的矿物条带,有沿着纹理层发育的微裂缝;L5 号样品整体均质性较好,裂缝沿层理发育;L8 号样品存在岩性矿物突变界面,高密度矿物区域逐渐减小,斜交层理发育方向。

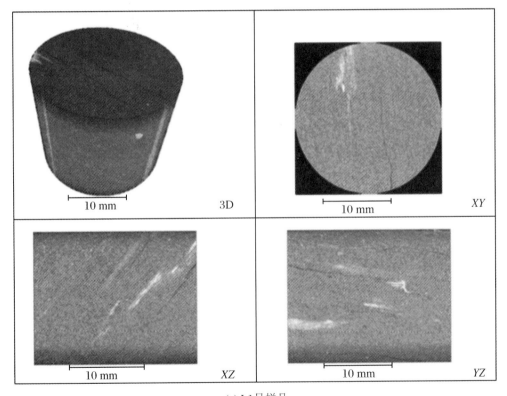

(a) L1号样品

图 5-4　L1,L5,L8 号样品 CT 扫描三维效果图

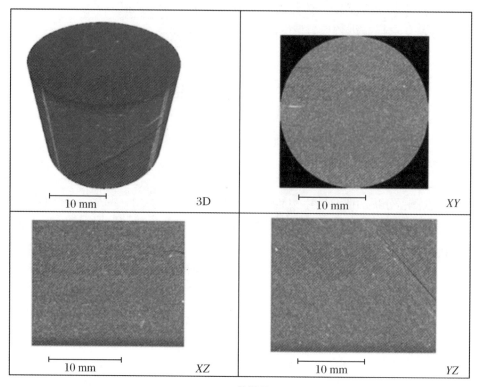

(b) L5号样品

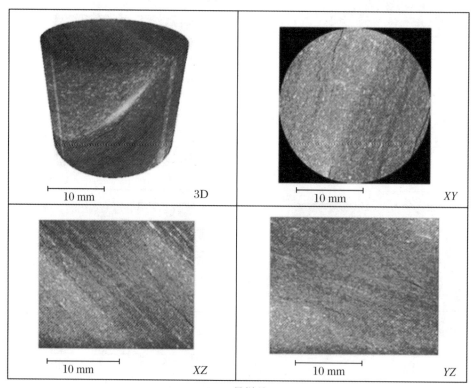

(c) L8号样品

图 5-4 L1,L5,L8 号样品 CT 扫描三维效果图(续)

实验中选取尺寸较大的样品进行微米 CT 扫描,主要目的是为了全面了解所送样品的整体状态。微米 CT 扫描的 3D 结果及不同方向切片图像能够清晰地显示出样品相对较致密,在此分辨率下可见部分矿物颗粒上有亮色斑点和暗色条纹(亮色为高密度矿物,暗色为孔缝),整体均质性较强。但在此分辨率下对孔隙的识别有较大的局限,需要进行更高分辨率的扫描实验。又因为页岩样品有机质上的孔隙很小,多为纳米级孔隙,为了进一步分析更加微小尺寸孔隙的信息,在微米 CT 岩心整体扫描的基础上,选择具有代表性的区域即代表性视野进行高分辨率三维纳米 CT 扫描即 FIB-SEM 纳米级高精度扫描。

在薄片上选取有机孔区域进行双束电镜扫描,L1 号样品扫描数据体像素数为 1 800×1 600,切片张数为 1 600,像素尺寸为 6 nm;L5 号样品扫描数据体像素数为 1 800×1 600,切片张数为 1 800,像素尺寸为 6 nm;L8 号样品扫描数据体像素数为 2 000×1 600,切片张数为 2 000,像素尺寸为 6 nm。原始扫描图像灰度图如图 5-5 所示。三维聚焦束离子扫描的 3D 结果以及不同方向的切片图像能够清晰地显示出样品的微观孔隙、矿物分布等信息。

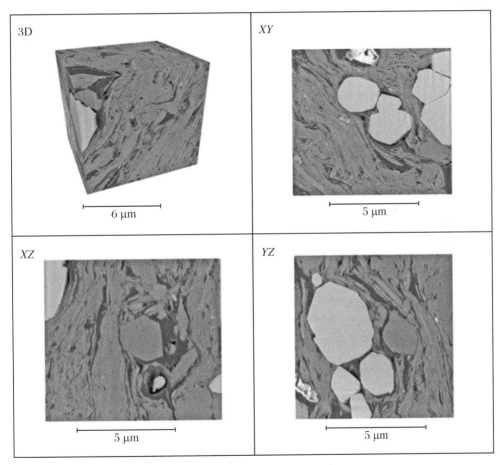

(a) L1号样品

图 5-5　L1,L5,L8 号样品 FIB-SEM 扫描三维效果图

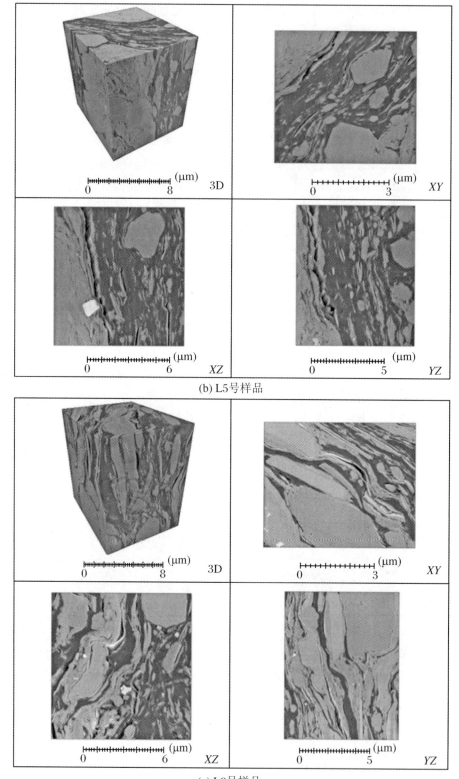

(b) L5号样品

(c) L8号样品

图 5-5　L1,L5,L8 号样品 FIB-SEM 扫描三维效果图(续)

5.2.2　降噪滤波

降噪滤波的目的是去除 FIB-SEM 图像系统背景噪声在灰度图中形成的干扰,提高灰度图像显示质量以及对比度,增强切片图像中岩石骨架与孔隙空间的边界过渡,方便后续图像的分割与孔隙提取。本次研究主要利用 Pergeos 软件图像处理功能中的 Deblur 功能对 FIB-SEM 图像进行优化,增强图像对比度,对图像进行模糊消除。

Deblur 的原理是尝试逆推图像被模糊前的状态,以恢复原始图像。这通常涉及运用某些图像恢复技术,例如卷积反演、最小二乘解等方法。卷积反演可以通过将图像卷积核的倒数应用于模糊图像来实现模糊消除;最小二乘解则是通过对模糊图像进行数学建模来估计原始图像。Deblur 的公式通常基于卷积反演和最小二乘解的数学原理,其中卷积反演是应用最广泛的技术之一。以下是卷积反演的公式:

假设原始图像为 x,模糊图像为 y,卷积核为 h,噪声为 n,则有

$$y = h * x + n \tag{5-1}$$

式中,$*$ 表示卷积运算。

通过卷积反演,可以得到以下公式:

$$x = H^{-1} * Y \tag{5-2}$$

式中,H 为卷积核的倒数(即逆滤波器);

Y 为傅里叶变换后的模糊图像;

-1 表示逆傅里叶变换。

5.2.3　阈值分割

阈值分割的目的是通过选定的阈值 T,把 FIB-SEM 图像中每张切片上的像素分为两类:一类用数值 1 标记,代表孔隙空间的像素(灰度值小于 T 值);另一类用数字 0 标记,代表岩石骨架的像素(灰度值大于等于 T 值)。二维扫描切片的本质是个二维数组,其上每一个像素的灰度值均与该二维的数字一一对应,由于把岩石理想化成只有孔隙空间以及岩石骨架构成,因此,通过确定阈值 T,便可以分割出孔隙空间以及岩石骨架。

本次研究选择使用 Pergeos 软件的交互式叠加阈值分割(Interactive Overlay Threshold)去分割北部湾盆地流二段 L1,L5,L8 号岩心样品中的较大孔隙。以这种方法,可以交互地调整分割阈值,以便更好地分割图像:其基本思想是将图像按灰度值分成两个或多个不同的区域,使得同一区域内的像素具有相似的灰度值,并且不同区域之间的像素灰度值具有较大的差异。具体地说,该方法是将图像中的每个像素与人为定义的阈值进行比较,如果像素的灰度值高于阈值,则将该像素分配给第一个区域;否则,将该像素分配给第二个区域。

为了得到更接近实际的孔隙模型,研究选择使用交互式热点(Interactive Top Hot)阈值分割对微孔进行更精细的划分。交互式热点阈值分割是一种基于图像灰度值的分割方法,其原理是通过对图像的灰度值进行排序,选择排名靠前的像素作为热点,然后根据设定的交互操作,确定最终的分割阈值。

交互式热点阈值分割的步骤如下：

第一步，对图像的灰度值进行排序，将像素按照灰度值从小到大进行排列；

第二步，选择一定数量的像素作为热点，通常是选择灰度值排名前几的像素作为热点；

第三步，根据选择的热点，确定分割阈值，可以根据热点的数量、位置等因素来确定阈值，通常选择热点中灰度值最小的像素作为阈值；

第四步，将图像根据确定的阈值进行分割，将灰度值高于阈值的像素分为一个类别，将灰度值低于等于阈值的像素分为另一个类别。

如果分割结果不满足要求，可以通过交互方式调整阈值，重新进行分割。交互式热点阈值分割的优点是可以根据不同的目标，灵活地选择分割阈值，同时不需要对图像进行复杂的预处理。交互式热点阈值分割的公式如下：

设图像中的一个像素为 $I(x,y)$，排名靠前的像素数量为 N，分割后像素点的类别为 $C(I(x,y))$，则有

$$T = \min(I(x,y)) \tag{5-3}$$

式中，$I(x,y)$ 属于前 N 个像素 $C(I(x,y))=1$，如果 $I(x,y) > T$，则 $C(I(x,y))=2$，如果 $I(x,y) \leqslant T$，则 $C(I(x,y))=1$；

T 表示分割阈值，取热点中灰度值最小的像素作为阈值；

$C(I(x,y))$ 表示像素点的类别，可以用不同的颜色来表示不同的类别，实现图像分割。

如果分割结果不满足要求，可以通过交互方式重新选择热点和调整阈值，直到获得最佳的分割结果。

5.2.4 孔隙分析

通过数字岩心做孔隙分析的目的是理解油页岩中的孔隙结构和孔隙特征，以帮助确定岩心的物理性质、储层特征等信息。具体而言，确定油页岩的孔隙率和孔隙分布是评价页岩储集层性质的关键因素之一；通过分析岩石孔隙的形状、大小、连通性、分布等特征，可以帮助了解油页岩的孔隙结构，如裂缝、孔隙类型等；能够评估油页岩孔隙的水、气和油的运移特性和物理性质，如渗透率、孔隙度、孔隙直径等，且在一定程度上能够帮助确定油页岩的成因、演化和地质历史，如矿物组成、沉积环境、地质年代等。数字岩心的孔隙分析是油气勘探和储层评价的研究手段，可以为油页岩性质分析和储层描述提供可靠的基础数据和信息。

本次研究选择使用 Pergeos 软件中的 Porosity 功能对北部湾盆地流二段岩心样品进行孔隙分析，Pergeos 的 Porosity 模块提供了多种公式和算法来计算多孔介质的孔隙率和孔隙分布。以下是该模块中包含的一些常见公式：

$$\varphi = \frac{V\_pore}{V\_total} \times 100\% \tag{5-4}$$

式中，φ 为孔隙率；

V_pore 表示孔隙的体积；

V_total 表示多孔介质的总体积。

孔隙体积分布函数为 $f(V)$：

$$f(V) = \frac{\dfrac{\mathrm{d}N\_pore}{\mathrm{d}V}}{N\_total} \qquad (5\text{-}5)$$

式中,$\mathrm{d}N\_pore/\mathrm{d}V$ 表示孔隙体积在 V 到 $V+\mathrm{d}V$ 范围内的数量;

N_total 表示孔隙总数。

孔隙直径分布函数为 $f(D)$:

$$f(D) = \frac{\dfrac{\mathrm{d}N\_pore}{\mathrm{d}D}}{N\_total} \qquad (5\text{-}6)$$

式中,$\mathrm{d}N\_pore/\mathrm{d}D$ 表示孔隙直径在 D 到 $D+\mathrm{d}D$ 范围内的数量;

N_total 表示孔隙总数。

孔隙相连通性分布函数为 $f(C)$:

$$f(C) = \frac{\dfrac{\mathrm{d}N\_pore}{\mathrm{d}C}}{N\_total} \qquad (5\text{-}7)$$

式中,$\mathrm{d}N\_pore/\mathrm{d}C$ 表示连接 C 到 $C+\mathrm{d}C$ 的孔隙的数量;

N_total 表示孔隙总数。

孔隙度分布函数为 $f(\varepsilon)$:

$$f(\varepsilon) = \frac{\dfrac{\mathrm{d}N\_pore}{\mathrm{d}\varepsilon}}{N\_total} \qquad (5\text{-}8)$$

式中,$\mathrm{d}N\_pore/\mathrm{d}\varepsilon$ 表示孔隙度在 ε 到 $\varepsilon+\mathrm{d}\varepsilon$ 范围内的数量;

N_total 表示孔隙总数。

孔隙形状因子为 P:

$$P = \frac{6\pi \times V\_pore}{S\_pore \times D\_mean} \qquad (5\text{-}9)$$

式中,S_pore 表示孔隙的总表面积;

D_mean 表示孔隙的平均直径。

通过以 Porosity 模块对孔隙的分析,可以对样品整体孔隙做出三维模型划分(图 5-6)。

图 5-6 油页岩样品三维孔隙模型

　　然后通过 Pergeos 的 Labeled Pore Space Analysis 模块计算每一个孔隙的属性,如体积、面积等。Labeled Pore Space Analysis 是一种用于数字岩心图像分析的方法,它基于图像分割技术和机器学习算法,可自动识别和标记数字岩心图像中的不同孔隙类型,并量化每种孔隙类型的孔隙度、孔隙尺寸分布、孔隙相连通性等特征。其原理是将经过预处理的岩心图像根据实际的需求对每种孔隙类型,使用图像处理和计算机视觉算法提取其特征,如孔隙度、孔隙尺寸分布、孔隙连通性等,然后使用深度学习算法对每种孔隙类型进行分类和识别,并对孔隙特征进行分析和统计。Pergeos 中的预训练模型基于深度学习技术,使用卷积神经网络(Convolutional Neural Network,CNN)对数字岩心图像进行分类和识别,最后将分析结果可视化展示,如孔隙度分布图、孔隙尺寸分布图、孔隙连通性分布图等,并开展进一步的分析和比较,以了解数字岩心孔隙结构和孔隙类型分布特征(图 5-7)。

图 5-7　分割后油页岩样品三维孔隙模型

　　然后,继续对岩心样品做连通孔隙分析。数字岩心连通孔隙分析的主要目的是研究岩石中不同孔隙之间的连通性,即不同孔隙之间是否存在通道或障碍物以及通道的大小和形状等特征。这些特征对于岩石的储层性质和流体运移行为具有重要影响。具体而言,数字岩心连通孔隙分析可以用来解决诸多问题,例如油页岩中孔隙的连通性是决定油页岩储层性质的重要因素之一,连通孔隙可以促进油气流体的储存和运移,因此连通孔隙分析对于储层评价具有重要意义;在油藏开发中,连通孔隙分析可以帮助认识油页岩中孔隙的分布和连通性,进而优化油气开发方案,提高油气资源的采收率和经济效益;连通孔隙分析可以揭示油页岩形成、演化和变形过程中不同孔隙之间的关系,有助于深入理解地质现象和构造过程。

　　本次研究采用 Pergeos 的 Connected Pore Space 模块对北部湾盆地流二段岩心样品进行连通孔隙分析。Connected Pore Space 模块是用于数字岩心图像分析的工具,主要用于分析岩石中的孔隙连通性,其主要原理是通过三维数字岩心图像分析,构建孔隙网络模型,测量孔隙的形状和大小,并计算孔隙之间的连通率和流通性等参数,以此评估岩石的储集和输导性质。具体而言,Connected Pore Space 模块可以通过数字岩心图像分析,自动提取岩石中的孔隙,构建三维孔隙网络模型,方便对孔隙连通性进行分析,也可以通过计算孔隙连通率、渗透率、孔喉尺寸分布等参数评估岩石孔隙连通性和流通性;它提供了丰富的可视化工具,可以生成孔隙网络模型、孔隙连通图、孔隙分布图等,方便研究人员对分析结果进行展

示和分析。该模块主要通过计算孔隙连通率、渗透率等参数来分析岩石中孔隙的连通性和流通性,其公式如下:

孔隙连通率(Porosity Connectivity,PC):

$$PC = \frac{N_c}{N_t} \times 100\% \tag{5-10}$$

式中,N_c 是连通孔隙的数量;

N_t 是总孔隙数量。

渗透率(Permeability,K):

$$K = \frac{QL}{A\Delta p} \tag{5-11}$$

式中,K 表示渗透率,单位为 Daray;

Q 表示单位时间内通过介质的流体体积,单位为 m^3/s;

L 表示了介质的长度,单位为 m;

A 表示介质的横截面积,单位为 m^2;

Δp 表示滤体在介质中的压力差,单位为 Pa。

孔隙喉径分布(Pore Throat Size Distribution,PTSD):

$$PTSD = \frac{N_t - N_p}{N_t} \tag{5-12}$$

式中,N_t 是总孔隙数量;

N_p 是孔喉数量。

这些公式主要用于计算孔隙连通率、渗透率和孔隙喉径分布等参数,以评估岩石孔隙的连通性和流通性。

通过利用 Pergeos 的 Separate Pore Space 模块分析连通孔隙,不同颜色代表连通孔隙的不同部位,因为该模块的分割数据是为了建立三维球棍模型,因此该模块涉及的算法较为复杂且多样化,列举如下:

孔隙体积(V_p)计算公式:

$$V_p = \sum [\text{Voxel Size}] \times \sum [\text{Binary Image}] \tag{5-13}$$

式中,Voxel Size 为体素尺寸;

Binary Image 为二值化图像中孔隙体素的数量;

$\sum$ 表示对所有体素求和。

表面积(S)计算公式:

$$S = \sum [\text{Voxel Size}] \times \sum [\text{Binary Image}] \times 6 \tag{5-14}$$

球度(Sphericity)计算公式:

$$\text{Sphericity} = \frac{\pi^{1/3} \times (6 \times V_p)^{2/3}}{S} \tag{5-15}$$

等效球直径(Equivalent Sphere Diameter)计算公式:

$$\text{Equivalent Sphere Diameter} = \frac{6 \times V_p}{\pi^{1/3}} \tag{5-16}$$

孔喉尺寸分布分析公式：

梳状因子（Comb Factor）计算公式：

$$\text{Comb Factor} = \frac{D_{86} - D_{60}}{D_{60}} \tag{5-17}$$

式中，D_{60} 为孔喉尺寸分布的中值直径，单位为 cm；

D_{86} 为孔喉尺寸分布的 86% 分位直径，单位为 cm。

孔隙体积分数（Porosity）计算公式：

$$\text{Porosity} = \frac{V_p}{V_t} \times 100\% \tag{5-18}$$

孔隙连通率（Connected Porosity）计算公式：

$$\text{Connected Porosity} = \frac{V_c}{V_p} \times 100\% \tag{5-19}$$

孔隙直径分布函数（Pore Throat Size Distribution Function）计算公式：

$$P(r) = \frac{1}{V} \cdot \frac{\mathrm{d}v}{\mathrm{d}r} \tag{5-20}$$

式中，r 为孔喉半径，单位为 cm；

V 为孔喉体积，单位为 cm^3；

V_p 为孔隙体积，单位为 cm^3；

$P(r)$ 为孔隙直径分布函数，表示在不同孔喉单位下的孔隙体积分布；

V_t 为总体积，单位为 cm^3；

V_c 为连通孔隙体积，单位为 cm^3。

5.2.5　球棍模型建立

建立数字岩心中连通孔隙球棍模型的目的在于模拟数字岩心中的孔隙结构，并通过对模型进行定量分析，揭示孔隙结构对物理和化学性质的影响。具体来说，建立球棍模型的目的首先是为了模拟实际油页岩中的孔隙结构，通过将数字岩心转换为球棍模型，可以比较真实地模拟油页岩中孔隙的形态、大小和分布；然后是分析孔隙结构对物理性质的影响，通过对球棍模型进行物理性质的模拟和分析，如渗透率、饱和度、弹性模量等，可以揭示孔隙结构对这些性质的影响规律，进而提高对储层特征的认识；并且球棍模型可用于分析孔隙结构对化学性质的影响，用于模拟流体在孔隙中的流动、反应和传质等过程，从而研究孔隙结构对流体化学性质的影响，如溶解度、化学反应速率等。

本次研究选择利用 Pergeos 的 Pore Network Model Extraction 模块建立北部湾盆地流二段岩心样品的球棍模型。该模块的原理是对孔隙区域进行连通性分析，建立孔隙网络模型，包括孔隙体和孔喉，并提取孔喉的尺寸和形态参数，然后对孔隙网络模型进行修正，包括去除虚假孔隙、填补缺失孔隙等操作，以获得更准确的孔隙网络模型，最后根据孔隙网络模型，计算不同尺寸和形态的孔喉的孔隙率、渗透率、孔隙度等参数，并绘制相应的孔喉尺寸分布、孔隙度分布等曲线（图 5-8）。

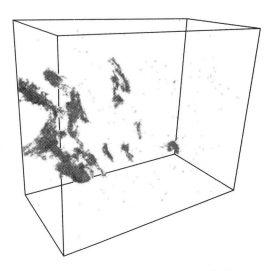

图 5-8　油页岩样品连通孔隙三维球棍模型

小　　结

① 北部湾盆地流二段油页岩样品,L2,L4 和 L5 号样品均质性较强;L1,L3 和 L7 号样品局部发育高密度矿物;L6 和 L8 号样品存在岩性矿物突变界面。

② 北部湾盆地流二段油页岩样品 CT 整体扫描图像显示,L1 号样品油页岩局部发育高密度的矿物条带,有沿着纹理层发育的微裂缝;L5 号样品整体均质性较好,裂缝沿层理发育;L8 存在岩性矿物突变界面,高密度矿物区域逐渐减小,斜交层理发育方向。

③ 通过计算数字岩心孔隙率得到的结果与高压压汞实验得到孔隙度结果极为吻合,渗透率较低,连通孔隙不发育。结合流二段油页岩 TOC 含量及渗透率变化特征,可知流二段地层处于生油阶段,因成岩演化早期阶段,石英含量高,不利于形成相互连通的孔隙结构。

④ 建立了页岩油储层孔隙裂缝多尺度定量表征技术和三维数字岩心孔隙结构表征技术。

6　页岩油储层分子动力学模拟研究

6.1　分子模拟方法及模拟软件介绍

6.1.1　分子模拟方法简介

分子模拟是一种通过计算机模拟分子材料结构和行为的方法。该方法基于分子动力学原理，利用牛顿力学和量子力学等理论进行计算，了解物质的结构信息和物理性质。

广义的分子模拟方法包含了经典力学与量子力学思想。分子经典力学思想主要建立于牛顿经典力学与动力学原理之上，通过利用对不同类别物质特性所建立的相对经验力场来进行分析计算。经典的分子力学方法包括：分子力学方法（Molecular Mechanics Method）、蒙特卡罗方法（Monte Carlo Method）、分子动力学方法（Molecular DynamicsMethod）、布朗运动学（Brownian Dynamics）。与量子力学不同的是，经典力学忽略了电子的运动，仅仅将原子能量视为原子核位置的函数。量子力学本质上是通过运用波函数来研究微观粒子的运动规律。量子力学方法主要有从头算方法（First Principle Method / Ab initial）、半经验方法和密度泛函理论（Density Functional Theory）。量子力学较分子力学更加精确，但是却十分耗费时间。有鉴于此，分子力学的一些力场中引入了由量子力学计算或实验得到的经验参数，这使得在应用分子力学计算一些庞大稳定的构象时，不仅时长较使用量子力学的短，而且精度接近于量子力学。

分子模拟方法主要分为分子动力学模拟和蒙特卡罗模拟两种。分子动力学模拟是通过计算粒子的运动轨迹，模拟材料的结构和性质。该方法通过计算每个原子或分子的速度和位置，模拟它们在不同条件下的运动，适用于模拟高温、高压、高能等条件下的材料行为。蒙特卡罗模拟则是基于统计学原理，通过随机抽样来模拟材料的结构和性质。该方法通过随机抽样模拟原子或分子的状态，以得到材料在不同条件下的性质和行为，常用于材料吸附性能的研究。

分子模拟方法已经广泛应用于化学、材料、生物等领域，该方法有两个主要功能：其一是从基础原理上阐述物质性质；其二是预测物质在一定条件下的结构、行为和性质。由于分子模拟具有前沿性和创新性，所以已经迅速应用于以生物制药、化工、石油天然气为代表等愈来愈多的领域中，对相关领域的生产技术发展和科研创新具有重大意义。

6.1.2　Materials Studio 软件简介

Materials Studio(后文简称"MS")软件是由美国 Accelrys 公司开发的一款材料模拟软件,主要用于计算材料的结构、性质和反应。该软件包括多个模块,可以进行从分子到材料的各种模拟和计算。MS 的主要功能包括:

(1) 分子模拟

包括分子动力学模拟和量子化学计算,可以用于研究分子和小分子的结构、反应和性质。

(2) 材料模拟

包括蒙特卡罗模拟和晶体学计算,可以用于研究材料的结构、热力学性质、机械性质等。

(3) 电子结构计算

可以用于计算材料的能带结构、密度泛函理论等。

(4) 反应动力学

可以用于研究化学反应的动力学过程和机理。

(5) 数据库

包括材料数据和模拟结果的数据库,可以用于材料设计和筛选。

MS 不仅拥有众多功能和海量数据库,还提供了友好的图形化用户界面和丰富的可视化工具,用户可以方便地分析可视化模拟结果。该软件已经被广泛应用于材料科学、化学、生物、能源等领域的研究和开发,是一款非常强大和实用的材料模拟软件。

6.2　主要矿物与吸附剂模型构建

黏土矿物作为页岩储层中不可缺少的成分,向来都是相关学者的研究重点。而黏土矿物由于粒径小、易膨胀的特点在油气开采中会带来许多的问题,比如黏土的分散、运移。有学者指出,黏土矿物的含量越高,储层的孔隙与渗透性越差。然而,不同成岩演化阶段的黏土矿物对储层性能影响的表现不同,比如蒙脱石的伊利石化作用会使得储层的孔隙与渗透性能得到改善。近年来,随着非常规油气资源的兴起,开发页岩油逐渐成为能源行业的发展趋势,这使人们的目光更加聚焦在黏土矿物上。

因此,本节以油页岩中广泛存在的黏土矿物为例,介绍分子动力学的模拟工作。页岩是一种由黏土矿物和其他沉积物组成的沉积岩石,伊利石、蒙脱石和高岭石是其中最常见的黏土矿物。

伊利石是一种3层结构的层状硅酸盐矿物,其分子结构由2层硅酸盐层和1层明氏负离子层组成。硅酸盐层由硅氧四面体和铝氧八面体构成,其中一部分铝氧八面体会被铁、镁等离子替代。明氏负离子层由层间阴离子和吸附的阳离子组成,如 K^+(图 6-1)。伊利石的晶体结构比较复杂,其成分和结构的差异可以影响其物理和化学性质,如离子交换能力、表面电荷性质等。

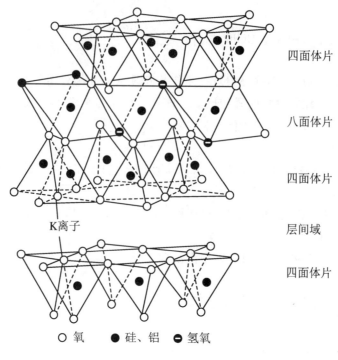

四面体片

八面体片

四面体片

K离子　　　　层间域

四面体片

○ 氧　　● 硅、铝　　⊖ 氢氧

图 6-1　伊利石的结构示意图

蒙脱石也是一种层状硅酸盐矿物，由氧化硅和氧化镁铝的层状结构和阴离子层组成，其分子结构和伊利石类似（图 6-2），但蒙脱石的明氏负离子层比伊利石更加松散，可容纳更多的吸附离子和水分子，因此蒙脱石具有更高的离子交换能力和吸附能力。

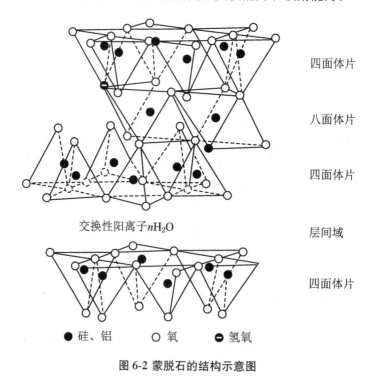

四面体片

八面体片

四面体片

交换性阳离子 nH_2O　　　　层间域

四面体片

● 硅、铝　　○ 氧　　⊖ 氢氧

图 6-2 蒙脱石的结构示意图

　　高岭石是一种由硅酸盐层和明氏负离子层组成的双层结构层状硅酸盐矿物。硅酸盐层由硅氧四面体和铝氧六面体交替排列组成,而明氏负离子层则由层间水分子和吸附的阳离子组成,如 Na^+ 和 K^+（图 6-3）。高岭石比较稳定,其化学和物理性质与伊利石和蒙脱石有所不同,如其离子交换能力较低。

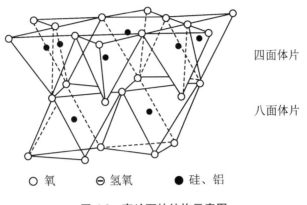

　　四面体片

　　八面体片

○ 氧　　⊖ 氢氧　　● 硅、铝

图 6-3　高岭石的结构示意图

　　总的来说,伊利石、蒙脱石和高岭石都是常见的黏土矿物,但其分子结构和化学性质都不同,它们在页岩中的比例和性质也不同,对页岩的物理和化学性质产生不同的影响。因此,在页岩的研究中,了解黏土矿物的分子结构和性质,构建黏土矿物狭缝模型,对于揭示页岩的吸附能力、储层特性等具有重要的意义。

6.2.1　黏土矿物狭缝模型构建与优化

　　本项研究借助美国 Accelrys 公司开发的 Materials Studio 2020 软件进行,利用美国矿物晶体结构数据库和文献资料,分别获取了伊利石、蒙脱石和高岭石的晶胞参数（表 6-1）和原子空间坐标（表 6-2、表 6-3、表 6-4）,基于此分别构建了 3 种黏土矿物的晶胞模型（图 6-4）。

　　根据黏土矿物的物理特性和结构特征,分别从 $x \times y \times z$ 方向上建立 $4a \times 2b \times 1c$ 的超晶胞模型。基于对北部湾盆地涠西南凹陷流二段油页岩中饱和烃的质谱和色谱分析,得知研究区赋存的主要介质为正十七烷,因此,将其作为吸附模拟的吸附介质。

表 6-1　矿物模型晶胞参数

矿物种类	空间群	a(Å)	b(Å)	c(Å)	α(°)	β(°)	γ(°)
伊利石	C_2/m	5.20	8.98	10.23	90.00	101.57	90.00
蒙脱石	C_2/m	5.23	9.06	12.50	90.00	99.00	90.00
高岭石	C_1/m	5.15	8.90	7.38	91.93	105.05	89.79

表 6-2 伊利石原子空间坐标

	x	y	z
K	0	0.5	0.5
Al	0.5	0.166 7	0
Si	0.519 1	0.328 0	0.268 8
O_1	0.358 7	0.310 0	0.106 3
O_2	0.598 5	0.5	0.313 1
O_3	0.671 5	0.225 6	0.335 0
OH	0.519 1	0	0.100 6

表 6-3 蒙脱石原子空间坐标

原子	12.5Å			15.5Å			18.5Å		
	x	y	z	x	y	z	x	y	z
Al	0.00	3.02	12.50	0.00	3.02	15.50	0.00	3.02	18.50
Si	0.57	1.51	9.58	0.57	1.51	12.58	0.57	1.51	15.58
O_1	0.12	0.00	9.05	0.12	0.00	12.05	0.12	0.00	15.05
O_2	−0.69	2.62	9.25	−0.69	2.62	12.25	−0.69	2.62	15.25
O_3	0.77	1.51	11.20	0.77	1.51	15.20	0.77	1.51	17.20
$O_{(OH)}$	0.81	5.53	11.25	0.81	5.53	15.25	0.81	5.53	17.25
$H_{(OH)}$	−0.10	5.53	10.81	−0.10	5.53	13.81	−0.10	5.53	16.81
M^+	0.00	5.53	6.25	0.00	5.53	9.25	0.00	5.53	12.25

表 6-4 高岭石原子空间坐标

	x	y	z
Al_1	0.297 1	0.595 7	0.572 1
Al_2	0.792 6	0.330 0	0.569 9
Si_1	0.995 2	0.339 3	0.090 9
Si_2	0.506 5	0.166 5	0.091 3
O_1	0.050 1	0.353 9	0.317 5
O_2	0.121 5	0.660 5	0.317 5
O_3	0	0.5	0
O_4	0.208 5	0.230 5	0.025 7
O_5	0.201 2	0.765 7	0.003 2
OH_1	0.051 0	0.969 8	0.322 0
OH_2	0.965 9	0.166 5	0.605 1
OH_3	0.035 8	0.576 9	0.608 0
OH_4	0.033 5	0.857 0	0.609 5

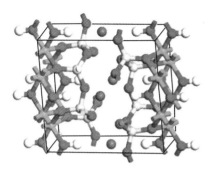
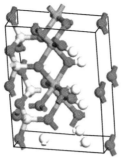
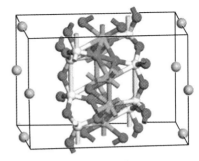

(a) 伊利石晶胞模型　　　　　(b) 蒙脱石晶胞模型　　　　　(c) 高岭石晶胞模型

图 6-4　页岩中 3 种主要黏土矿物晶胞图

为了构建合适的狭缝模型用于吸附模拟,需要了解吸附质的分子大小。对于这个问题,首先要明确的是所谓分子的大小并不是一个确定的物理量,而是基于某些模型的一些经验值,基于不同的假定得到的分子大小也不同。作为最简单的模型,我们可以将分子中的原子视为半径固定的圆球,分子由这些圆球堆积而成。在这种模型下,容易定义分子的尺寸,即分子在 3 个垂直方向上的最小长度。如果将分子恰好放在一个长方体盒子中,那么这样的盒子是最小的。在计算时,我们首先需要指定每个原子的半径。由于原子半径同样不是一个确定的物理量,所以有多种定义方式,如共价半径、范德华半径、离子半径和有效半径等,在计算分子大小时,我们一般使用范德华半径。最常用的一套原子半径数据是由 Pauling 开始,经 Bondi 细化,并由 Gavezotti,Rowland 和 Taylor 等修正给出的,但并没有包含所有的主族元素。Mantina 等根据这套数据,利用量化方法得到了包含所有主族元素的一套自洽的原子半径数据。对某些金属元素而言,这套原子半径中的某些数值可能不够准确,使用时应注意核查。胡盛志等总结了一套更全的原子半径,几乎包含了元素周期表中所有的元素。对一些常用元素而言,这套原子半径数据与 Bondi 的相差不大。利用 Chem 3D 20.0 软件绘制出正十七烷分子的三维模型(图 6-5),再通过 Bondi 半径分析,计算出正十七烷分子范德华模型尺寸约为 23.92 Å×5.36 Å×5.36 Å(图 6-6)。

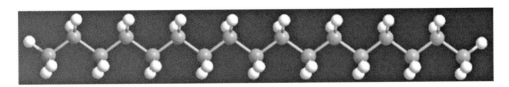

图 6-5　正十七烷分子三维模型示意图

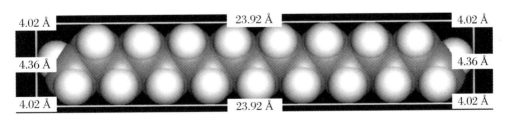

图 6-6　正十七烷分子结构尺寸计算图

吸附质的吸附能力受吸附质与狭缝孔的尺寸关系影响较大,基于以上研究,将伊利石、蒙脱石和高岭石超晶胞模型均沿着(0 0 1)切面进行切割,再分别建立一个 4 nm,8 nm,15 nm 和 50 nm 的真空层,可将该真空层视为黏土矿物的孔隙,以此作为黏土矿物的狭缝模型(图 6-7)。

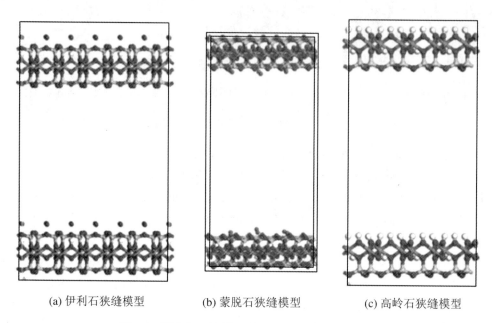

(a) 伊利石狭缝模型　　　(b) 蒙脱石狭缝模型　　　(c) 高岭石狭缝模型

图 6-7　页岩中三种主要黏土矿物狭缝模型示意图

吸附模拟前,先将所有矿物模型进行结构优化,使其势能达到最低状态,即得到一个最稳定构型。优化采用 MS 软件中 Forcite 模块下的几何优化(Geometry Optimization)。Geometry Optimization 模块的设置参数:形态、结构优化方法选取 Smart,质量(Quality)为 Fine,力场选用 Universal Force Field 普适力场(以下简称 UFF)。UFF 力场是第二代力场,它不仅涵盖了元素周期表中的所有元素,而且其力场中加入了 Qeq 电荷平衡法,对整个黏土体系保持电中性十分有利。静电力加和方法为 Ewald;范德华力加和方法为 Atom Based。

6.2.2　正十七烷模型构建与优化

根据 GB/T 18606—2017《气相色谱-质谱法测定沉积物和原油中生物标志物》,针对北部湾盆地流二段 YY-2 井下 3 158.6～3 167.28 m 的 8 块样品,做了饱和烃色谱质谱分析和饱和烃气相色谱分析报告。3 158.6 m 井深下饱和烃色谱质谱部分分析结果显示(表 6-5),研究区的页岩产油的主要成分为正十七烷($CH_3(CH_2)_{15}CH_3$)。因此为了形成一套研究区的吸附模型和理论研究,在做吸附性模拟和原油可动性研究时,主要考虑的赋存介质为正十七烷($CH_3(CH_2)_{15}CH_3$)。

在 Visualizer 模块下构建正十七烷分子(图 6-8),并在 Forcite 模块下,Smart 任务下采用以下收敛标准:RMS Force,0.1 kcal/(mol·Å);能量偏差标准为 0.001 kcal/mol;RMS

位移偏差,以 0.03 Å 的标准对正十七烷分子进行优化(表 6-6,图 6-8)。

表 6-5 北部湾盆地饱和烃色谱质谱分析(部分)结果

ID	Ion	烷烃种类	Apex RT	面　积	高　度
1	85	C11 正十一烷	14.13	6 123	1 599
2	85	C12 正十二烷	18.33	191 164	53 421
3	85	C13 正十三烷	23.36	1 371 301	286 191
4	85	C14 正十四烷	28.84	2 253 569	348 349
5	85	C15 正十五烷	34.50	3 322 820	401 550
6	85	C16 正十六烷	40.08	3 525 383	407 394
7	85	C17 正十七烷	45.53	3 902 787	408 054
8	85	C18 正十八烷	50.73	3 286 050	391 363
9	85	C19 正十九烷	55.79	3 165 595	380 276
10	85	C20 正二十烷	61.09	2 973 618	344 433

表 6-6 三种吸附剂能量优化参数

烃　类	构　型	价键能(kcal/mol)	非键能(kcal/mol)	总能量(kcal/mol)
$C_{17}H_{36}$	初始构型	31 052	123	30 929
	最终构型	112	−15	97

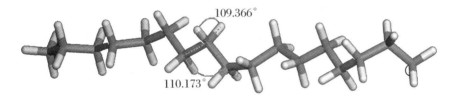

图 6-8　正十七烷分子模型

6.3　分　子　模　拟

6.3.1　基于 GCMC 的分子吸附模拟

Astashov 等和 Liu 等的研究表明,GCMC 方法是分析多孔材料吸附机理和输运等微观机制的有力工具。本研究运用巨正则蒙特卡罗方法(GCMC),在前文所建立的黏土矿物(伊利石、蒙脱石、高岭石)稳定构型的基础上,模拟研究区流二段油页岩中黏土矿物对正十七烷的吸附,模拟过程如下:

使用在 MS 软件的 Sorption 模块,选用 Adsorption isothem 任务对 3 种黏土矿物模型进行等温吸附计算;计算方法(Method)为 Metropolis;质量(Quality)为 Fine;设定平衡步数(Equilibration Steps)为 100 000,模拟加载最大步数(Production Steps)为 1 000 000;温度和压力设置首要考虑为研究区流二段页岩油的原位储层环境,即对应地下 0~5 km 埋深下的储层温压环境;吸附介质为正十七烷($CH_3(CH_2)_{15}CH_3$);选择 UFF 力场;电荷计算由力场分配;静电力加和方法为 Ewald;范德华力加和方法为 Atom Based。此外,为探究出伊利石、蒙脱石和高岭石在不同温压下对正十七烷的吸附规律,模拟了 30 ℃,60 ℃ 和 90 ℃ 3 个梯度和 0.1 MPa,2.5 MPa,5 MPa,10 MPa,15 MPa,20 MPa,25 MPa,30 MPa,35 MPa,40 MPa,45 MPa 和 50 MPa 共 12 个压力点下的吸附行为。

按以上设置和边界条件,模拟出不同压力和温度下的正十七烷($CH_3(CH_2)_{15}CH_3$)在不同狭缝孔隙直径下的黏土矿物(伊利石、蒙脱石、高岭石)中的吸附量。由于 MS 软件模拟的吸附量为单晶胞吸附量,因此,需将其转换为等质量下的黏土矿物对烃类物质的吸附量,分子模拟吸附量的转换关系为

$$N = 1\,000\, \frac{N_{am}}{N_a \cdot M_s} \tag{6-1}$$

式中,N 表示吸附量,单位为 mmol/g;

  N_{am} 表示分子个数;

  N_a 表示晶胞个数;

  M_s 为单个晶胞的分子量,可把 $N_a \cdot M_s$ 一起看作整体,即骨架的分子量,而骨架分子式可在 Properties 里查看。

6.3.2 分子动力学模拟

运用分子动力学模拟正十七烷在蒙脱石层间的扩散行为,可以从微观上认识正十七烷在蒙脱石中的赋存形式与浓度分布。

在前文利用巨正则蒙特卡罗(GCMC)吸附模拟的基础上,获得了在 90 ℃,50 MPa 下伊利石对正十七烷的饱和吸附量,利用饱和吸附模型的最后一帧,对其进行如前文所述的几何结构优化,再在 Forcite 模块下执行 Dynamic 任务。以正十七烷为研究对象,采用 NVT 系综对该温压条件下的吸附饱和体系进行分子动力学模拟,系综的平衡控制采用 Nose 控温方法,设置时间步长为 0.5 fs,每 500 步反馈一个中间结构,温度条件如前文所述。力场选取仍是 UFF 力场,基于 Atom Based 方法计算范德华作用,电荷计算选用当前构型电荷计算,精度设置为 Fine。

6.4 分子模拟结果

通过上述模拟,探究了北部湾盆地流二段油页岩的吸附特征情况,反映出了富有机质油页岩吸附情况,获取了油页岩主体成分对主要页岩油烃类物质的吸附情况。

6.4.1 黏土矿物对正十七烷的等温吸附模拟

根据吸附模拟与数据处理,获得了 3 种黏土矿物对正十七烷单组分烃类物质的等温吸

附曲线(图6-9)。

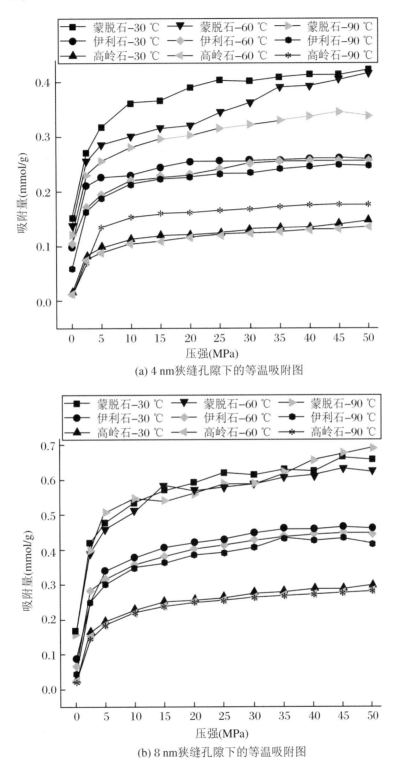

(a) 4 nm狭缝孔隙下的等温吸附图

(b) 8 nm狭缝孔隙下的等温吸附图

图6-9 不同狭缝孔隙下各黏土矿物对正十七烷的等温吸附图

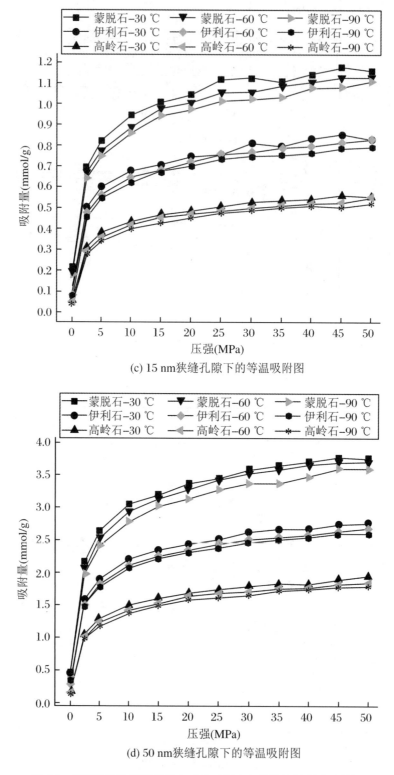

(c) 15 nm狭缝孔隙下的等温吸附图

(d) 50 nm狭缝孔隙下的等温吸附图

图 6-9　不同狭缝孔隙下各黏土矿物对正十七烷的等温吸附图(续)

模拟结果显示,蒙脱石对正十七烷的吸附量最大,伊利石次之,以高岭石为吸附质的吸附模型的吸附量最少；当狭缝孔达到 50 nm 时，吸附量变化达到最大，在 50 MPa 压力下时，蒙脱石比伊利石对正十七烷的吸附量多 38.6%，而伊利石比高岭石对正十七烷的吸附量多 55.6%。研究表明，吸附模型的吸附能力与黏土矿物种类有较大关系，即便是在 3 个温度梯度下，吸附量的大小分布也主要以黏土矿物种类为界限。

此外，3 种黏土矿物在对正十七烷的吸附行为模拟过程中，吸附量均随着压力的增大而增加。在不同的狭缝尺寸和黏土矿物下，各个压力点下的吸附增加呈几乎一致的变化趋势，即 0~5 MPa 吸附量几乎为线性增加阶段，该区段中，压力对吸附能力的影响占有主要优势；5~30 MPa 为吸附量缓慢增加，或有小范围上下波动情况，压力在该区段对吸附能力的影响逐渐减弱；30~50 MPa 基本达到吸附动态平衡，随着压力的继续增加，吸附量几乎不会增加或吸附量会在某个很小的范围内上下波动，即 3 种黏土矿物均在该区段达到吸附饱和状态。

在 3 种温度梯度下，虽然伊利石的吸附模型均对正十七烷分子的吸附能力影响较弱，但也出现了较为明显的吸附趋势。总体来说，4 个狭缝孔隙尺度下的伊利石对正十七烷的吸附热大小呈随着温度升高而减小的趋势。上述温压变化范围内，正十七烷在伊利石中的吸附热并没有因为温度变化而又呈现显著变化，且随压力变化较小，但狭缝模型的尺寸会影响等温吸附（表 6-7）。

表 6-7 不同温压下伊利石吸附正十七烷的吸附热

孔径尺寸（nm）	温度（℃）	吸　　　　附　　　　热（kJ/mol）											
		压　　　　力（MPa）											
		0.1	2.5	5	10	15	20	25	30	35	40	45	50
4	30	37	26	24	25	23	23	23	23	23	23	24	24
	60	34	24	22	23	24	24	22	24	23	24	24	24
	90	28	23	22	23	24	22	22	23	23	21	22	22
8	30	21	12	13	13	13	13	12	13	13	13	13	13
	60	15	14	11	12	11	12	12	12	12	12	12	11
	90	12	11	11	12	11	12	11	11	12	13	11	10
15	30	18	10	10	9	8	9	9	10	10	10	10	10
	60	10	8	9	9	8	9	9	9	9	9	9	10
	90	10	9	9	9	9	9	10	9	8	9	10	10
50	30	13	6	6	7	7	7	7	7	8	7	7	7
	60	12	6	6	6	6	7	6	7	7	7	7	7
	90	22	9	8	8	8	8	8	8	8	8	9	9

孔径的改变会导致吸附热有较为显著的变化。孔径越小，吸附热越大，而孔径变大，吸附热反而降低，尤其是 4 nm 与 8 nm 吸附模型中，同等条件下的吸附热最大差值约为 13 kJ/mol，整个吸附模拟中，吸附热均小于 42 kJ/mol，吸附行为均为物理吸附。

6.4.2　正十七烷在黏土矿物中的扩散行为

利用分子动力学模拟可以研究烷烃在油页岩黏土矿物中的层间扩散行为,通过模拟可以得到烷烃分子在黏土矿物中的扩散系数、动力学行为等信息,有助于从微观上认识正十七烷在黏土矿物中的浓度分布和作用形式,对深入理解页岩油在页岩储层中的运移和分布规律具有重大意义。同时,对于页岩油气的开采和页岩储层改造等问题,都可以提供有价值的参考。

为探究北部湾盆地流二段储层黏土矿物主体成分的吸附特征,研究该地层下页岩油赋存状态,模拟出了在 90 ℃ 和 50 MPa 温压条件下不同孔隙尺度下正十七烷在蒙脱石和伊利石层间中的扩散行为。

模拟结果显示(图 6-10),蒙脱石在对正十七烷的过程中,孔隙尺寸变化对其吸附量大小具有很大影响,吸附量的大小与狭缝孔尺寸的大小呈现正相关关系。狭缝孔径越大,正十七烷的赋存空间越大,在距离蒙脱石片层的空间附近,正十七烷的赋存密度明显较大;而靠近狭缝孔中间的空间区域内,正十七烷的分布量明显减少。基于此,可绘制出正十七烷在蒙脱石狭缝中(0 0 1)剖面方向上的密度分布图(图 6-11)。从密度分布图可以看出该吸附模型中,5 nm,8 nm,15 nm 和 50 nm 均只有 2 个吸附层,距离狭缝中心分别为约 0.5 nm,3.2 nm,6.9 nm 和 5.2 nm 处,最大吸附密度分别为 0.63 g/cm³,0.06 g/cm³,0.01 g/cm³ 和 0.99 g/cm³;而 50 nm 狭缝模型在靠近孔壁的空间中,存在多个正十七烷分子自聚集现象,形成了 4 个游离层,分别位于狭缝中间 11.4 nm 和 23.6 nm 处,最大聚集密度分别为 0.28 g/cm³ 和 0.31 g/cm³。

(a) 4 nm蒙脱石狭缝孔

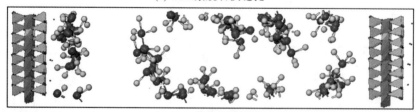

(b) 8 nm蒙脱石狭缝孔

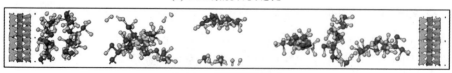

(c) 15 nm蒙脱石狭缝孔

图 6-10　蒙脱石对正十七烷的瞬时吸附图

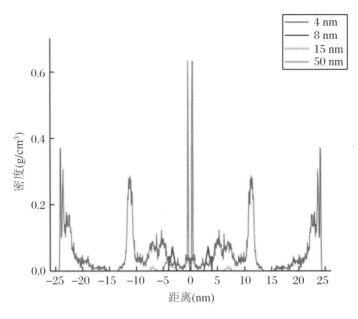

图 6-11　正十七烷在不同孔径蒙脱石狭缝中的密度剖面图

　　模拟结果显示(图 6-12),伊利石在对正十七烷的过程中,孔隙尺寸变化对其绝对吸附量大小具有很大影响,绝对吸附量的大小与狭缝孔尺寸的大小呈正相关关系。

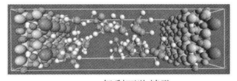

(a) 4 nm伊利石狭缝孔

(b) 8 nm伊利石狭缝孔

(c) 15 nm伊利石狭缝孔

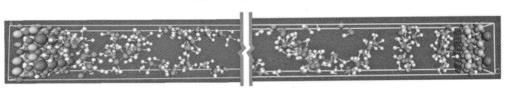

(d) 50 nm伊利石狭缝孔

图 6-12　伊利石对正十七烷的瞬时吸附图

当狭缝孔径越大,正十七烷的赋存空间增大,在距离伊利石片层的空间附近,正十七烷的赋存密度明显较大;而靠近狭缝孔中间的空间区域内,正十七烷的密集程度明显降低。基于此,可绘制出正十七烷在伊利石狭缝中(0 0 1)剖面方向上的密度分布图(图 6-13)。从密度分布图可以看出该吸附模型中,4 nm,8 nm,15 nm 和 50 nm 的伊利石狭缝模型均只有 2 个吸附层,距离狭缝中心分别约为 0.34 nm,3.67 nm,7.25 nm 和 24.21 nm 处,最大吸附密度分别为 0.40 g/cm^3,0.40 g/cm^3,0.28 g/cm^3 和 0.37 g/cm^3。然而,从密度分布图可以看出,实际的正十七烷在伊利石中的狭缝层间中并非单层分布,而是呈现在靠近吸附壁的附近空间呈吸附聚集,而在靠近中孔的附近空间呈正十七烷烃自聚集分布,尤其是 8 nm,15 nm 和 50 nm 的伊利石狭缝模型中,存在多个密度分层。

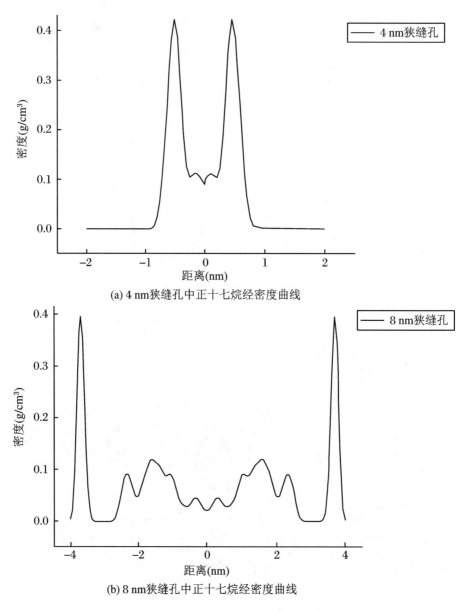

(a) 4 nm狭缝孔中正十七烷经密度曲线

(b) 8 nm狭缝孔中正十七烷经密度曲线

图 6-13　正十七烷在不同孔径伊利石狭缝中的密度剖面图

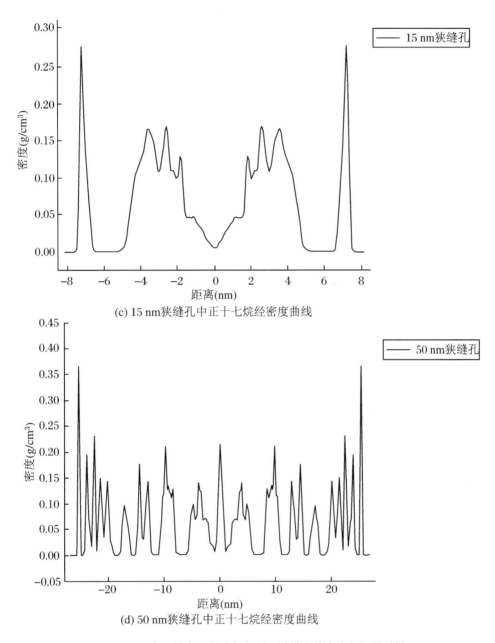

(c) 15 nm狭缝孔中正十七烷经密度曲线

(d) 50 nm狭缝孔中正十七烷经密度曲线

图 6-13　正十七烷在不同孔径伊利石狭缝中的密度剖面图(续)

6.4.3　正十七烷在伊利石中的吸附/游离模型

根据上述分析,可将吸附模型分为吸附区和游离区。基于 MS 软件模拟和计算,获取不同孔径下每克伊利石中赋存正十七烷的最大物质的量,利用正十七烷在伊利石中层间的密度分布,计算出吸附区的吸附量。在不考虑正十七烷以溶解态赋存于伊利石狭缝中,则可将绝对吸附量与饱和吸附量相减,得到游离态含量。计算结果时,将其量纲统一为 mmol/g,即可获得吸附态与游离态的占比,随着狭缝孔径变化而变化,构建出了正十七烷在伊利石中的吸附/游离模型。

根据前文吸附模拟所得的饱和吸附量在 50 MPa，30 ℃下的最大吸附层密度，对吸附层进行吸附量计算，吸附量计算公式为

$$n_s = \frac{\rho_{max} \cdot V}{M_r} \tag{6-2}$$

式中，ρ_{max} 为最大吸附层密度，单位为 g/cm^3；

V 为吸附区的空间体积，单位为 Å；

M_r 为正十七烷的相对分子质量，取值为 240。

根据式(6-2)可得每克伊利石能吸附正十七烷的最大物质的量，若要比较游离与吸附量的大小，需要统一量纲进行比较。通过公式(6-3)计算得到吸附态正十七烷的物质的量，则还需要计算吸附模型中伊利石质量，计算公式如下：

$$m_a = \frac{a \cdot M_r}{N_A} \tag{6-3}$$

式中，a 为吸附模型中的伊利石单晶胞个数，此处取 8；

M_r 为伊利石狭缝模型的相对分子质量，取值为 16 896；

N_A 为阿伏伽德罗常数，取 6.02×10^{23}。

将式(6-2)和式(6-3)比较得到式(6-4)，通过计算，即可得到正十七烷在伊利石狭缝模型中的吸附量：

$$N_s = \frac{n_s}{m_a} \tag{6-4}$$

计算式(6-4)可得，4 nm，8 nm，15 nm 和 50 nm 伊利石狭缝模型孔隙内分别含有吸附态正十七烷 0.099 mmol/g，0.073 mmol/g，0.059 mmol/g 和 0.059 mmol/g，分别含油游离态正十七烷 0.147 mmol/g，0.344 mmol/g，0.734 mmol/g 和 2.534 mmol/g。

若将正十七烷狭义地理解为页岩油，则该计算模型为页岩油在伊利石中的吸附/游离模型(图 6-14)。

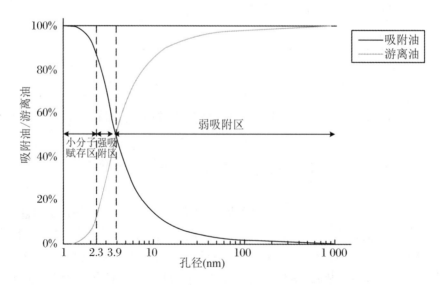

图 6-14 页岩油在伊利石中的吸附/游离模型

　　根据页岩油在伊利石中的吸附/游离模型,系统分析了页岩油在伊利石中的赋存模式。结果表明,随着平均孔径增加,页岩吸附油与游离油比例呈现 3 个变化阶段:第一阶段存在于孔径小于 2.3 nm 的狭缝孔,该阶段为分子尺度小于正十七烷的小分子赋存区,此区域主要以吸附油为主;第二阶段为强吸附区,说明狭缝孔的孔壁对正十七烷的作用强于其分子间的范德华力,吸附聚集现象强于吸附质分子自聚集现象,随着孔径的逐渐增大,此区域吸附油的比例逐渐降低,而游离油的比例逐渐呈上升趋势,当孔径为 3.9 mn 时,两者占比相等;第三阶段为弱吸附区,当孔径大于 3.9 nm 时,狭缝模型中游离油将持续受到孔隙体积的影响,而吸附油的含量几乎不会发生变化,当孔隙类型为宏孔且伊利石孔径持续增大时,吸附油占比将无限接近于 0。

6.4.4　讨论与分析

　　为模拟北部湾盆地流二段油页岩的吸附情况通过模拟富有机质油页岩吸附,获取了油页岩主体成分对主要页岩油烃类物质的吸附情况,研究表明:黏土矿物的微孔和介孔结构提供了大量的表面积,增加了与原油中的有机分子接触的机会,这些表面上的吸附位点可以与原油中的分子相互作用,形成吸附层。黏土矿物的吸附能力还受到其孔径大小、表面性质以及原油中的组分特性等因素的影响。通过调整黏土矿物的孔径和表面性质,可以优化其吸附能力,提高对原油的吸附效果。此外,吸附过程中的温度、压力和接触时间等操作条件也会对吸附能力产生影响。

　　总体而言,黏土矿物作为吸附剂,具有较强的吸附能力,可以有效地吸附和分离原油中的有机分子,但具体的吸附能力取决于黏土矿物的性质和操作条件的选择。

　　在吸附过程中,相同温度和压力情况下,3 种黏土矿物对正十七烷的吸附能力各有不同,吸附能力为:蒙脱石>伊利石>高岭石。李健用黏土矿物做对烃类介质吸附模拟实验的结论与此是一致的,也从侧面印证了本次研究吸附模拟的正确性。

　　从晶胞结构的方面考虑,蒙脱石的晶胞结构比较松散,层间距较大,层间存在交换位和吸附位,可以容纳较大的有机分子,因此具有较强的吸附能力。相比之下,伊利石和高岭石的晶胞结构相对紧密,层间距较小,交换位和吸附位较少,因此其吸附能力相对较弱。在模拟中,蒙脱石中的吸附位点数量更多,因此吸附量相对较大。伊利石和高岭石的晶胞结构相似,但是伊利石中的层间距离要大于高岭石,层间的交换位和吸附位也相对较多。这意味着伊利石具有更大的表面积和更多的吸附位点,因此在吸附烷烃时可能表现出更强的吸附能力。从电荷数量和类型方面考虑,蒙脱石、伊利石和高岭石都带有负电荷,但其数量不同。蒙脱石和高岭石的负电荷主要来自于层状结构中的氧离子,其数量比伊利石多,因此蒙脱石和高岭石具有较强的吸附能力。此外,3 种黏土矿物的晶格结构中都含有铝氧八面体(O-Al)和硅氧四面体(O-Si)等不同类型的离子,这些离子对烷烃分子的吸附起到了关键作用,因为它们与正十七烷中的负电性部分形成相互作用。因此,在蒙脱石和伊利石中 O-Al离子的数量相对较多,可能会增强其与正十七烷的相互作用,进而提高吸附能力。基于Passey 等的计算结果(表 6-8),从分子大小和形状方面考虑,3 种黏土矿物的层间空间各有不同,以层间距的大小为层间空间大小的判别依据,可以看出蒙脱石>伊利石>高岭石,较大的层间空间可以容纳较大的有机分子,因此其对烷烃的吸附能力相对较强。综上考虑,3种黏土矿物对正十七烷的吸附能力为蒙脱石>伊利石>高岭石。

表 6-8　理论计算的黏土矿物表面积

黏土矿物	层间距(Å)	内比表面积(m²/g)	外比表面积(m²/g)	总比表面积(m²/g)
蒙脱石	9.6～21.5	750	50	800
伊利石	10	0	30	30
高岭石	7.2	0	15	15

在相同温度和压力的情况下,吸附量大小与孔隙孔径大小呈正相关关系。当黏土矿物狭缝模型的孔径较大时,其孔径大小与待吸附分子的尺寸相当,分子可以更容易地进入孔道内进行吸附,从而导致吸附量的增加。此外,较大的孔径也可以提供更大的表面积,从而提供更多的吸附位点,进一步增加吸附量。因此,黏土矿物狭缝模型的孔径越大,通常会导致吸附量越大。当然,随着孔径继续增大,也可能会因为孔道过大,导致出现分子在孔道内不能很好地被限制和吸附的情况。

吸附热是研究黏土矿物吸附实验/模拟的重要热力学参数,是指吸附反应中吸附物质与吸附介质之间相互作用的能量变化。吸附能力的大小通常可以通过吸附热来反映,即吸附热越大,表示吸附介质与吸附物质之间的相互作用越强,吸附能力越强。因此,吸附热可以作为评价吸附体系吸附能力大小的重要指标之一。在对研究区黏土矿物进行等温吸附模拟的同时,还获取了吸附介质的等量吸附热。正十七烷在伊利石、蒙脱石和高岭石狭缝模型中的吸附热虽然不尽相同,但是 3 种矿物对 3 种烃类物质的吸附热均小于 42 kJ/mol,且吸附全过程为物理吸附。

在蒙脱石吸附模型中,正十七烷在靠近片层空间区域内的聚集现象,可能是因为蒙脱石片层与正十七烷之间的分子作用力和范德华力作用导致,在狭缝中心区域内,正十七烷的聚集现象明显减少,在此距离上,蒙脱石分子与正十七烷分子间的作用力急剧降低,使得正十七烷难以以吸附态赋存于狭缝孔中心处。

在伊利石吸附模型中,正十七烷在靠近片层空间区域内的聚集现象,可能是因为伊利石片层与正十七烷之间的范德华力作用导致的,在狭缝中心区域内,正十七烷的聚集现象明显减少,在此距离上,蒙脱石分子与正十七烷分子间的作用力急剧降低,使得正十七烷难以以吸附态赋存于狭缝孔中心处,因此,正十七烷分子受作用于分子内部的范德华力,发生自聚集现象,大量正十七烷以游离态赋存于狭缝孔中。

小　结

(1) 黏土矿物种类是影响吸附量大小的优势因素,本章构建的 3 种黏土矿物狭缝模型对正十七烷分子的吸附能力大小不同,其吸附能力为蒙脱石>伊利石>高岭石。

(2) 压力在吸附过程中在等温吸附变化中占主导地位,相同矿物种类和温度等条件下,吸附量随压力的增大而增加,在吸附模拟过程中,0.1～5 MPa 低压区为吸附增加主要阶段。

(3) 温度对吸附的影响相对较弱,相同矿物种类和压力等条件下,吸附量随温度的增大而减小。3 种黏土矿物的吸附热均小于 42 kJ/mol,对 3 种烃类物质的吸附行为均为物理吸附。

(4) 在距离黏土矿物晶体片层(孔壁)较近是正十七烷分子的主要吸附空间,而靠近狭缝孔中心的空间区域的正十七烷几乎不以吸附态赋存。正十七烷在 4 nm,8 nm,15 nm,50 nm 的蒙脱石和伊利石狭缝孔隙中有 2 个靠近片层区域的吸附层,但在 50 nm 的狭缝孔隙中有多个正十七烷分子自聚集层。

(5) 本章建立了页岩油的赋存模型,展现了页岩油在不同孔径下的赋存状态:

① 孔径小于 2.3 nm 的,为分子尺寸小于正十七烷的小分子主要吸附区;

② 随着孔径增大,狭缝孔壁上大量的吸附位被迅速占据,直到孔径达到 3.9 nm,吸附与游离占比相同;

③ 随着孔径进一步增大,狭缝孔壁吸附位大量减少,狭缝对原油的吸附能力急剧降低,游离油占比以快速增长的占比无限接近于 100%,吸附油占比与之相反。

7 页岩油藏特征研究

广义的页岩油是指以游离、吸附及溶解态等多种形式赋存于有效生烃页岩地层层系中且具有勘探开发意义的非气态烃类，其赋存的主体介质为页岩，但也包含邻近或夹有的薄层致密砂岩、碳酸盐岩或火山岩；狭义的页岩油是指储存于富含有机质、纳米级孔径为主的油页岩中的石油，而不包括致密砂岩或致密灰岩等致密油气。结合北部湾盆地实际地质特征，本书采用狭义的页岩油定义，综合利用岩心和多种分析测试资料，借助热模拟实验手段，以北部湾盆地流二段页岩油藏为例，系统总结其生储盖特征和油气运聚特征，深入分析陆相湖盆沉积环境对页岩油成藏要素的控制作用并建立页岩油藏模式，以期为湖相页岩油藏的勘探开发提供一定的指导。

7.1 页岩油藏生储盖特征

7.1.1 生油性

页岩油生产实践表明能够产油的岩相中富含有机质且有机质含量越高越有利，因而页岩生油性是页岩油成藏的基础。前人对北部湾盆地页岩的生烃属性做了大量研究，烃源岩主要形成于半咸水-咸水湖盆环境中，有机质类型以 I 型和 II$_1$ 型为主，水生浮游生物是其主要有机质来源，镜质体反射率 R_o 介于 0.5～1.0 之间，处于生油窗中。由于页岩岩相类型众多，不同岩相的烃源岩质量差异大，北部湾盆地流二段试油资料表明产油段的岩相类型主要为油页岩，其热解参数指标位于优质烃源岩范畴，其中总有机碳含量 TOC 介于 5.03%～12.8% 之间，平均值为 6.51%；游离烃含量 S$_1$ 介于 1.03～10.8 mg/g 之间，平均值为 5.57 mg/g；热解烃含量 S$_2$ 介于 17.59～78.59 mg/g 之间，平均值为 51.28 mg/g；生烃潜量 S$_1$ + S$_2$ 介于 18.97～82.65 mg/g 之间，平均值为 55.85 mg/g。油页岩中长英质矿物、黏土矿物和碳酸盐矿物含量变化大，但在通常情况下碳酸盐矿物含量最多，多大于 50%，长英质矿物含量为 0～33.33%，且大于黏土矿物。由于富含有机质，颜色普遍较深，微观层理样式表现为纹层状或定向性，并往往发育方解石脉体（图 7-1（a）、（b））。全矿物扫描显示油页岩中碳酸盐含量约占 81.5%，其中方解石占 77%；其次为长英质矿物，分散在碳酸盐矿物中，约占 10%（图 7-1（c））。因此，页岩油藏中油页岩富含有机质和碳酸盐矿物，本身即烃源岩或优质烃源岩，具备大量生油能力，具有自生属性。

(a) 樊页1井，3 180.33 m

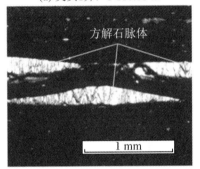

(b) 樊页1井，3 181.88 m

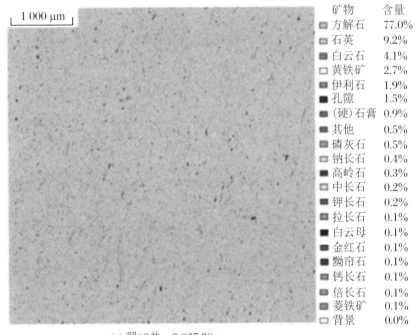

矿物	含量
方解石	77.0%
石英	9.2%
白云石	4.1%
黄铁矿	2.7%
伊利石	1.9%
孔隙	1.5%
(硬)石膏	0.9%
其他	0.5%
磷灰石	0.5%
钠长石	0.4%
高岭石	0.3%
中长石	0.2%
钾长石	0.2%
拉长石	0.1%
白云母	0.1%
金红石	0.1%
黝帘石	0.1%
钙长石	0.1%
倍长石	0.1%
菱铁矿	0.1%
背景	0.0%

(c) 罗69井，3 027.30 m

图 7-1 油页岩岩石学特征(据马存飞，2017)

7.1.2　储集性

页岩颗粒组分细小，类型复杂，决定了储集空间类型多样、微孔隙特别发育，包括粒间孔、粒间溶孔、晶间孔、晶间溶孔、晶内孔、晶内溶孔和有机质孔。此外，油页岩中还发育多种类型的裂缝，如构造缝、层理缝、收缩缝和自然流体压力缝。其中，由于北部湾盆地流二段页岩富含碳酸盐矿物，孔隙主要呈离散样式分布在碳酸盐矿物构成的基质中（图 7-2(a)）。全矿物分析统计和扫描电镜显示碳酸盐矿物主要与石英、伊利石接触（图 7-2(b)），而孔隙主要与方解石、白云石和伊利石紧邻（图 7-2(b)），因此孔隙发育与碳酸盐矿物密切相关，孔隙类型主要为原生或次生晶（粒）间孔，如碳酸盐矿物晶间（溶）孔、长英质矿物粒间（溶）孔、黏土矿物晶间孔以及碳酸盐矿物与长英质矿物、黏土矿物之间的粒间（溶）孔（图 7-2(c)）。与美国 Bakken、Barnett 和 Marcellus 页岩不同，北部湾盆地流二段油页岩中有机质内部孔和有机质边缘孔发育少而有机质边界孔较多（图 7-2c），这与有机质类型及其热解生烃过程中的组构演化和生烃机制密切相关。

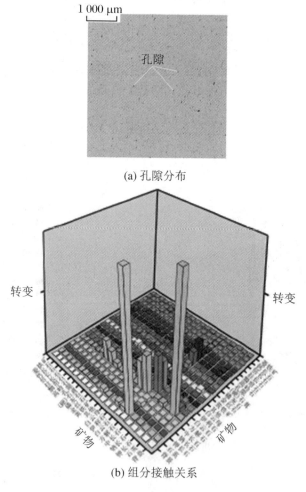

(a) 孔隙分布

(b) 组分接触关系

图 7-2　油页岩岩石组分分布(据马存飞,2017)

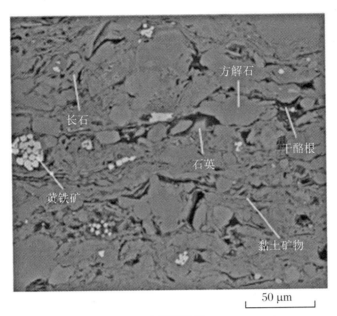

(c) 微观特征

图 7-2 油页岩岩石组分分布(据马存飞,2017)(续)

尽管页岩中储集空间类型多样,数目众多,但在观察页岩实际样品和热模拟实验样品时发现,并不是所有的储集空间都存储沥青,沥青主要充填在有机质孔(图 7-3(a))与有机质紧邻且尺度较大的晶(粒)间孔(图 7-3(b)~(g))和裂缝(图 7-3(h)~(l))等有效储集空间中,特别是生排烃缝和顺层脉状裂缝(图 7-3(h)~(k))。油页岩中含有大量的晶(粒)间孔和有机质边界孔,且发育顺层脉状裂缝和生排烃缝,因此页岩油藏自身具备储集能力,具有自储属性。

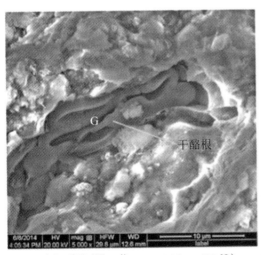

(a) 有机质孔(罗69井,3 059.35 m,400 ℃)

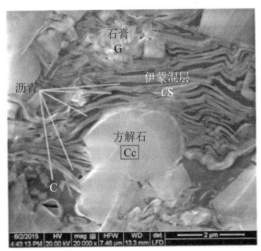

(b) 黏土晶间孔(罗69井,3 052.20 m,200 ℃,20 MPa)

图 7-3 油页岩有效储集空间类型(据马存飞,2017)

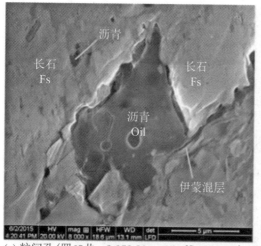

(c) 粒间孔(罗69井，3 053.20 m，150 ℃，15 MPa)

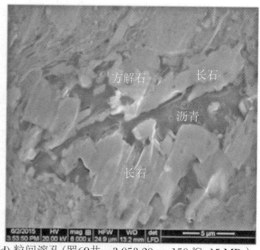

(d) 粒间溶孔(罗69井，3 053.20 m，150 ℃，15 MPa)

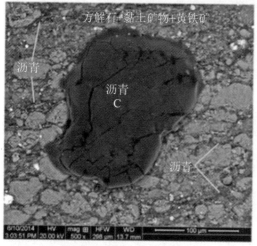

(e) 粒间孔(罗69井，3 048.10 m)

(f) 白云石晶间孔(樊页1井，3 168.03 m)

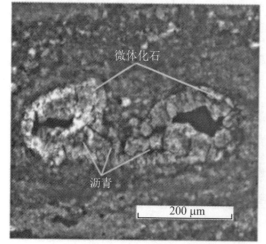

(g) 方解石晶间孔(樊页1井，3 143.98 m)

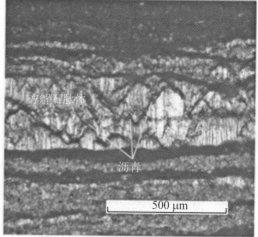

(h) 顺层脉状裂缝(牛页1井，3 432.17 m)

图 7-3　油页岩有效储集空间类型(据马存飞，2017)(续)

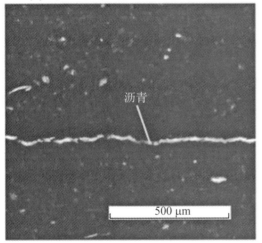

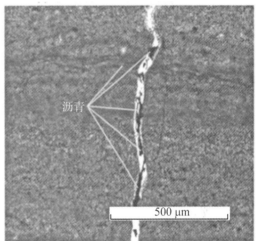

(i) 顺层脉状裂缝(罗69井，3 048.10 m)　　(j) 生排烃缝(罗69井，3 053.20 m, 200 ℃, 20 MPa)

(k) 生排烃缝(樊页1井，3 209.09 m)　　(l) 层理缝和构造缝(樊页1井，3 168.03 m)

图 7-3　油页岩有效储集空间类型(据马存飞，2017)(续)

7.1.3　封闭性

由于无机矿物和有机质组分的差异性，页岩中发育的各类岩相具有不同的力学强度和物性特征，其中富含碳酸盐矿物的岩相力学强度大而难被破坏，物性差，封闭能力强；而富含黏土矿物或有机质的岩相力学强度小，容易被超压流体破坏而产生自然流体压力缝。由于陆相湖盆沉积环境频繁演化，富含碳酸盐矿物的岩相和富含黏土矿物或有机质的岩相在垂向上交替出现，形成一套或多套、不同尺度的"三明治"型地层结构(图 7-4)，其中最典型的是顶底两套黏土质灰岩相作为顶板、底板而中间夹一套油页岩的样式(图 7-4(a)、(b))。由于顶底板强度大且物性差而充当盖层，油页岩富含有机质且发育多种有效储集空间而成为生油层和储集层，构成"三明治"型生储盖组合。该种地层结构有利于形成封闭体系，沥青被限制在内部而不断积累,最终形成孔隙流体超压,这与油页岩油藏普遍发育流体超压相吻合。同时,方解石脉体被限制在油页岩层内或顺层分布在层面上发育而不能突破或切穿黏土质灰岩的现象也是良好的佐证(图 7-4(c)、(d))。此外,由强软岩相构成的"三明治"型地层结构刚柔相济,抵御外部的构造应力作用强,自我调节形变而不被破坏,使得流体超压长时间保存,有利于油页岩油气保存,因而北部湾盆地流二段均发育顶底板。因此,页岩油藏自身发育的"三明治"型地层结构,决定了具有很好的自封闭性。

(a) 黏土质灰岩和油泥岩油页岩薄互层发育,由此造成生油层、储集层和
盖层交替出现(樊页1井, 3 177.03~3 182.03 m

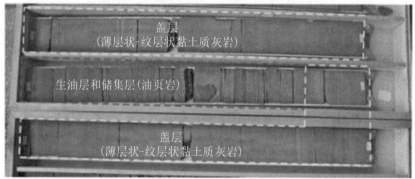

(b) 黏土质灰岩作为盖层, 油泥岩、油页岩作为生油层和储集层, 构成"三
明治"型生储盖组合(利页1井, 3 766.61~3 769.61 m)

图 7-4 页岩中不同尺度的"三明治"型生储盖组合(据马存飞,2017)

(c) 薄层状黏土质灰岩和油泥岩、油页岩构成"三明治"型生储盖组合(樊页1井, 3 201.50 m)

(d) 在生储盖组合内, 方解石脉体被限制在层内或分布在层面发育(樊页1井, 3 180.63 m)

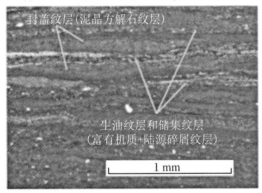

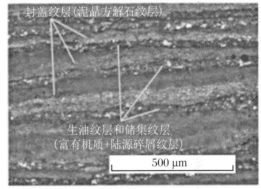

(c) 泥晶方解石纹层作为封盖纹层,富有机质+陆源碎屑纹层作为生油纹层和储集纹层,两者交替发育(牛页1井, 3 345.29 m)

(f) 封盖纹层、生油纹层和储集纹层交替出现, 构成微小"三明治"型生储盖组合(牛页1井, 3 390.10 m)

图 7-4　页岩中不同尺度的"三明治"型生储盖组合(据马存飞, 2017)(续)

7.2　页岩油藏运聚特征

7.2.1　油页岩油赋存状态

页岩油气在储集空间中的赋存状态是各学者关注的问题,而目前通常认为沥青呈游离态、吸附态和溶解态3种形式。本研究利用环境扫描电镜(ESEM)在低真空条件下观察油页岩实际样品和热模拟实验后样品发现,沥青主要呈游离态形式存在(图 7-5(a)～(i)),其次呈吸附态(图 7-5(j)～(l)),这与 Brien 等开展的油页岩热模拟实验结果相符。游离态沥青主要分布在有机质孔、尺度较大的晶(粒)间孔、生排烃缝、顺层脉状裂缝、层理缝和构造缝中(图7-3),且表现出明显的流动痕迹(图7-5(g)～(i)),吸附态沥青主要分布在黏土矿物晶间孔中(图7-5(j)～(l))。

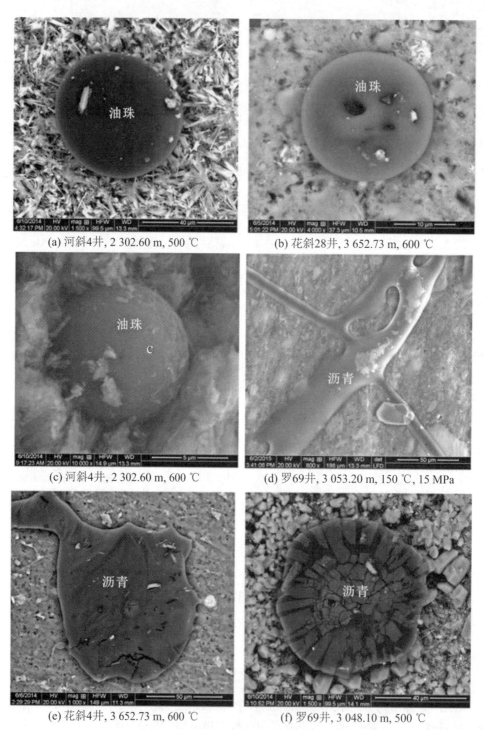

(a) 河斜4井, 2 302.60 m, 500 ℃

(b) 花斜28井, 3 652.73 m, 600 ℃

(c) 河斜4井, 2 302.60 m, 600 ℃

(d) 罗69井, 3 053.20 m, 150 ℃, 15 MPa

(e) 花斜4井, 3 652.73 m, 600 ℃

(f) 罗69井, 3 048.10 m, 500 ℃

图 7-5　页岩实际样品和热模拟实验样品中沥青赋存状态(据马存飞,2017)

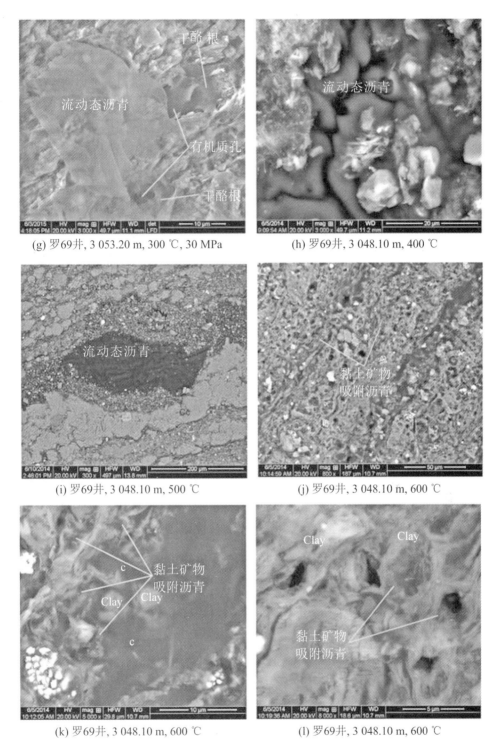

(g) 罗69井, 3 053.20 m, 300 ℃, 30 MPa

(h) 罗69井, 3 048.10 m, 400 ℃

(i) 罗69井, 3 048.10 m, 500 ℃

(j) 罗69井, 3 048.10 m, 600 ℃

(k) 罗69井, 3 048.10 m, 600 ℃

(l) 罗69井, 3 048.10 m, 600 ℃

图 7-5 页岩实际样品和热模拟实验样品中沥青赋存状态(据马存飞, 2017)(续)

7.2.2 页岩油运移阻力及动力

沥青从干酪根内部排出进入邻近储集空间以及在储集空间中沿着水平方向运移时需要排替孔隙水,属于油水两相渗流过程。由于油页岩中无机矿物表面原始状态是亲水的,在沥青排水运移过程中毛细管力是阻力之一。油页岩中长英质矿物和碳酸盐矿物颗粒细小,以细粉砂或细晶级别为主,并且含有大量黏土矿物或有机质组分,比表面积大,吸附能力强;油页岩中发育微米-纳米级孔喉网络,其中喉道类型主要是黏土矿物晶间孔或黏土矿物集合体与碎屑颗粒之间的粒间孔,孔喉迂曲度大,连通性弱,束缚水饱和度高,物性极差,由此造成油页岩孔喉中的流体受到孔喉壁面吸附阻力的影响。因此,沥青排替孔隙水实现运移至少要克服毛细管力和吸附阻力,本节将两者之和定义为油页岩的排替压力(图 7-6)。根据动力和阻力平衡关系,沥青自身的流体压力是其运移的主要动力,而当沥青垂向运移时,运移的动力还应当考虑浮力。

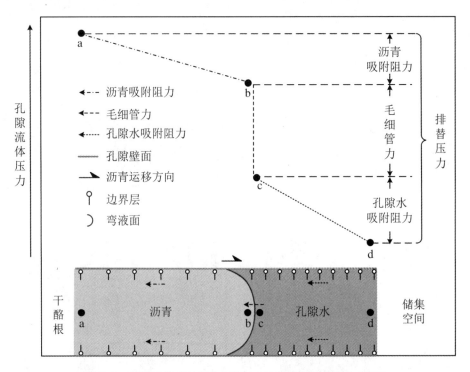

图 7-6 沥青运移过程中动力及阻力示意图(据马存飞,2017)

7.2.3 页岩油运移方式

热解生烃作用是孔隙流体增压主要的形成机制,而由于油页岩具有细小的孔喉和极低的渗透率造成流体排出困难,故干酪根生烃量和生烃速度是孔隙流体压力积累的重要因素,其中干酪根生烃速度对孔隙流体压力影响更显著。当生烃量一定时,生烃速度越快越有利于烃类积累进而导致孔隙流体压力增大。在通常情况下,岩石破裂强度大于其排替压力,如果生烃速度很小,生烃量不足,孔隙流体压力小于排替压力,并且不能达到岩石破裂强度,那么烃类将滞留在孔隙中(图 7-7(a)①、图 7-8(a));如果生烃速度中等,孔隙流体压力大于排替压力但小于岩石破裂强度,那么烃类发生"孔隙式"运移(图 7-7(a)②、图 7-8(b)),直到生烃量与烃类渗流量达到平衡;如果生烃速度很大,生烃量大于烃类渗流量,那么烃类不断累积,孔隙流体压力不断增加,超过排替压力直至岩石破裂强度而产生生排烃缝,由此发生"活塞式"运移(图 7-7(a)③、图 7-8(c))。特别是当油页岩有机质含量特别高、纹层异常发育或岩石骨架非常致密但脆性很强时,岩石破裂强度小于排替压力,孔隙流体压力很快达到岩石破裂强度,则生排烃缝更容易形成,烃类主要发生"活塞式"运移(图 7-7(b)②、图 7-7(b)③、图 7-8(c))。

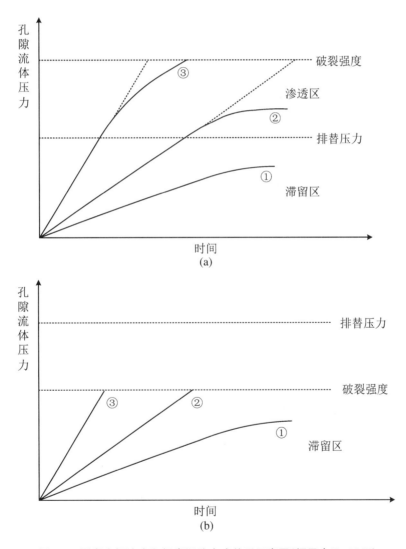

图 7-7　页岩生烃速度和烃类运移方式关系示意图(据马存飞,2017)

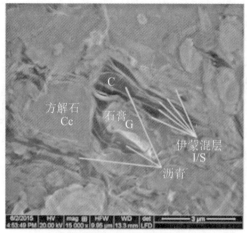

(a) 沥青滞留在黏土矿物晶间孔中
（罗69井，3 053.20 m，200 ℃，20 MPa）

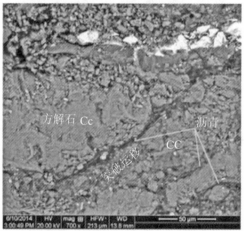

(b) 沥青在方解石晶间孔中突破运移
（罗69井，3 048.10 m）

(c) 以干酪根为中心，生排烃缝形成
（罗69井，3 053.20 m，200 ℃，20 MPa）

图 7-8 页岩中烃类运移方式(据马存飞,2017)

7.2.4 页岩油运聚模式

页岩储集空间研究表明储集空间具有多尺度、逐级连接成网的结构特征,其中尺度大的储集空间通过尺度小的储集空间连通、汇聚,这决定了沥青运移具有多尺度性,并最终聚集在尺度大的储集空间中。在薄片下观察,沥青从干酪根中运移出来,突破进入紧邻干酪根的晶(粒)间孔中,并继续向外突破运移(图 7-9(a)~(c))。这一现象在扫描电镜下观察更清楚,表现为沥青以游离态的形式从干酪根内的有机质孔中突破出来(图 7-9(d)),进入紧邻的纳米-微米级晶(粒)间孔中继续突破运移而呈流动状态(图 7-9(e)),并储集在微米级晶(粒)间溶孔中(图 7-9(f))。特别是当油页岩中有机质含量很高时,在压力作用下干酪根逐渐相互汇聚而形成有机质网络(图 7-9(g)~(j)),并通常被生排烃缝连接贯通(图 7-9(h)~(j)),沥青通过有机质网络和生排烃缝向外运移(图 7-9(g)~(k)),最终汇聚到尺度更大的顺层脉状裂缝、层理缝或构造缝中(图 7-9(k)、(l))。

(a) 沥青从干酪根内部突破运移出来
(樊页1井, 3 116.48 m)

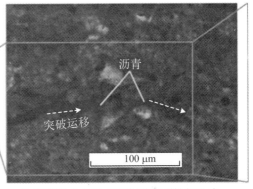

(b) 沥青进入邻近干酪根的晶(粒)间孔中
(樊页1井, 3 116.48 m)

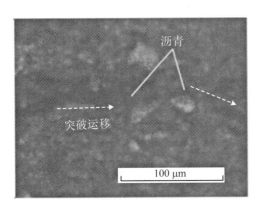

(c) 沥青在晶(粒)间孔中继续向外突破运移
(樊页1井, 3 116.48 m)

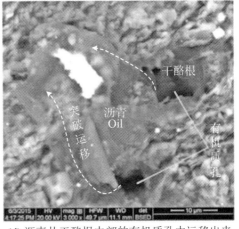

(d) 沥青从干酪根内部的有机质孔中运移出来
(罗69井, 3 053.20 m, 300 ℃, 30 MPa)

图 7-9 页岩油藏沥青多尺度运聚特征(据马存飞,2017)

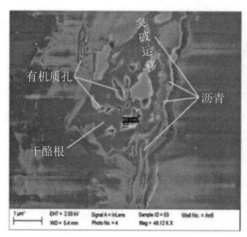

(e) 沥青从有机质孔中运移出来, 并在邻近的
纳米级粒间孔中突破运移(安6井, 3 060.50 m)

(f) 沥青储集在宏孔级晶(粒)间溶孔中
(罗69井, 3 053.20 m, 250 ℃, 25 MPa)

(g) 干酪根相互靠近, 形成有机质网络
(樊页1井, 3 046.53 m)

(h) 干酪根逐渐向生排烃缝汇聚, 形成有机质
网络(樊页1井, 3 040.26 m)

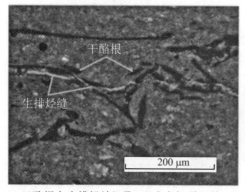

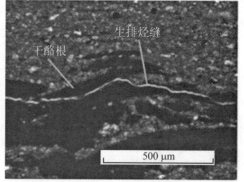

(i) 干酪根向生排烃缝汇聚, 形成有机质网络
(樊页1井, 3 045.23 m)

(j) 在有机质网络中, 沥青充填生排烃缝
(樊页1井, 3 040.26 m)

图7-9 页岩油藏沥青多尺度运聚特征(据马存飞, 2017)(续)

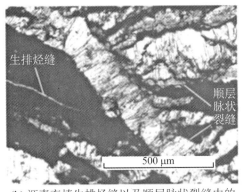

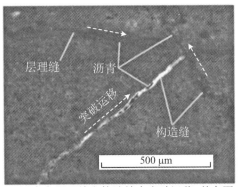

(k) 沥青充填生排烃缝以及顺层脉状裂缝中的方解石晶间孔(樊页1井, 3 183.08 m)

(l) 沥青在层理缝和构造缝中突破运移,并向更大尺度的构造缝中汇聚(樊页1井, 3 168.03 m)

图 7-9　页岩油藏沥青多尺度运聚特征(据马存飞,2017)(续)

相关研究成果表明,油页岩中储集空间的多样性和多尺度性决定了天然气的赋存状态、渗流方式和渗流机制,其中有机质孔、晶(粒)内孔和黏土矿物晶间孔等的孔径尺度主要处于纳米级,天然气赋存样式为溶解态和吸附态,渗流类型为布朗运动、解吸作用和 Knudsen 扩散;长英质矿物粒间孔和碳酸盐矿物晶间孔等,晶(粒)间孔的孔径尺度主要是微米级,天然气赋存样式为吸附态和游离态并存,渗流类型为 Knudsen 扩散、滑脱、体扩散和非达西渗流;天然裂缝和水力压裂缝的尺度比孔隙大,天然气赋存样式为游离态,渗流类型主要为达西渗流和管流(图 7-10)。

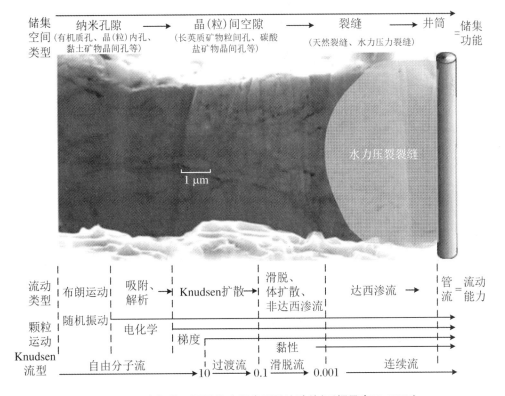

图 7-10　页岩气藏不同储集空间类型及流动特征(据马存飞,2017)

与页岩气渗流特征相似,北部湾盆地流二段油页岩同样具有多尺度运聚网络模式(图7-11)。在处于生油窗内的油页岩中,大量干酪根在高温高压作用下热解生成沥青(图7-11(a)),并以游离态或溶解态形式赋存在有机质孔中(图7-11(b));热解生烃增压作用产生的孔隙流体压力驱动游离态沥青主要以"孔隙式"运移方式进入紧邻的有机质边界孔或晶(粒)间孔中,或以"活塞式"运移方式进入生排烃缝中,其次以扩散方式由干酪根内部向邻近的储集空间中运移并吸附在干酪根或无机矿物壁面上;游离态沥青在孔隙流体压力作用下克服排替压力(毛细管力和吸附阻力之和)并以非达西渗流方式继续在晶(粒)间孔中突破运聚,具体如石英粒间孔、方解石晶间孔、黄铁矿晶间孔、黏土矿物晶间孔、长石粒内溶孔和白云石晶内溶孔等(图7-11(c)~(h)),或以达西渗流方式继续在生排烃缝中运移(图7-11(i));沥青逐渐向更大尺度的晶(粒)间孔或裂缝中运聚,最终汇聚到顺层脉状裂缝、层理缝或构造缝中(图7-11(j)~(l)),由此形成油页岩"叶脉"型多尺度逐级运聚网络(图7-11)。由于油页岩岩石组构的非均质性,沥青运移受到的排替压力具有各向异性,而沥青在孔隙流体压力驱动

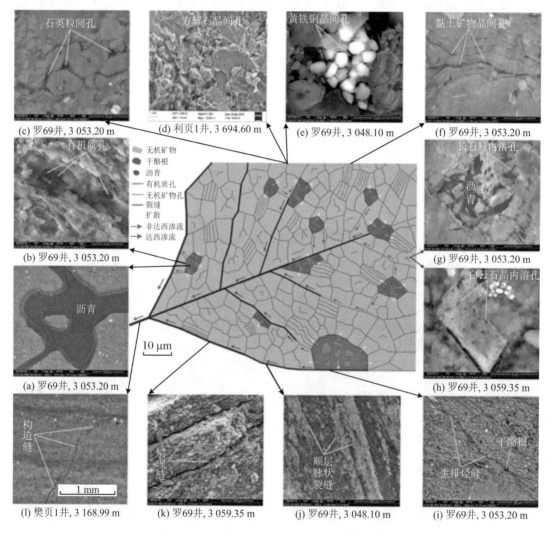

图 7-11　页岩油藏"叶脉"型多尺度逐级运聚网络模式(据马存飞,2017)

下总是沿着最小阻力方向突破运移,并达到最高的运移效率,故在油页岩多尺度储集空间网络中并非全部含油,而是存在优势运聚路径,具有最优化的输导结构,符合默里定律。反过来讲,在油页岩整个相互连通的多尺度储集空间网络中存在一条或多条以某个尺度的孔径作为最大连通孔喉的路径,代表沥青在运聚过程中需要的克服阻力最小从而成为优势运聚路径,这对流体高效渗流有关键作用。

7.3　页岩油藏模式

不同岩相由于具有不同的生油性、储集性和封闭性属性而充当不同的生储盖角色,然而早-中成岩阶段的岩相类型主要由沉积环境决定,因此油页岩沉积环境是油页岩油藏形成的基础。美国 Barnett 页岩、四川盆地龙马溪组和北部湾盆地流二段油页岩油气生产实践均证明生烃属性是油页岩油气富集的关键,其中有机碳含量是最重要的指标,即有机碳含量越高,对油页岩油气富集越有利,因而富含有机质的油页岩成为最有利岩相。高有机质产率且保存条件良好的沉积环境有利于油页岩的形成,且通常发育在古气候转湿润或湿润的湖侵体系域和湖泊高水位体系域内的密集段内,沉积在湖盆斜坡带和洼陷带内温暖、静水、清水、半咸水、强还原和水体分层的半深湖-深湖水介质环境中,分布在古地形低洼部位,而与之毗邻的突起部位则多发育富碳酸盐岩相,如黏土质灰岩相。由于陆相湖盆古地形凹凸不平,存在多个局部洼陷和局部突起,形成多个微环境,造成油页岩分散在多个部位,横向不稳定而相变快,平面非均质性强。当湖平面发生变化时,微环境发生迁移演化,造成油页岩在垂向上快速演变为富碳酸盐岩相。加之陆相湖盆面积小,水深相对较浅,受断层活动、气候突变和特大洪水等事件性因素影响,加剧了油页岩在垂向上的演变,导致单层厚度小,垂向非均质性强。沉积环境多样性及周期性演化造成油页岩在空间上被富碳酸盐岩相包围,剖面上呈"三明治"结构,平面上呈条带状或马铃薯状,进而形成自封闭的圈闭环境,类似于砂岩透镜体岩性圈闭,因而属于一种由油页岩岩相主导的特殊岩性圈闭(图 7-12(a))。由于圈闭的盖层主要由强度大、物性差的富碳酸盐岩相构成和支撑,抗构造应力破坏能力强而封闭性好,对油藏保存有利。

在圈闭内,热演化过程中油页岩内部的干酪根生成大量有机酸和烃类,既可以形成有机质孔、晶(粒)间溶孔和晶(粒)内溶孔,还能够产生孔隙流体超压而形成生排烃缝,或与成岩作用耦合发育顺层脉状裂缝并充填方解石脉体,存储沥青。同时,圈闭的封闭条件阻止游离态沥青向外运移,而在圈闭中的油页岩内部受孔隙流体压力驱动,选择油页岩排替压力最小的路径,以"孔隙式"和"活塞式"两种运移方式进行多尺度逐级运聚(图 7-12(b)、(c))。在圈闭封闭环境中,随着烃类生成而产生孔隙流体超压,一定的孔隙流体压力为沥青从干酪根内进入邻近的有机质边界孔、晶(粒)间孔或生排烃缝并且逐级突破运聚到更大尺度的晶(粒)间孔、顺层脉状裂缝、层理缝和构造缝等储集空间提供了动力,但是过大的孔隙流体压力造成圈闭的封闭层破裂,如黏土质灰岩顶底板,造成沥青大规模散失,从而对页岩油富集不利。

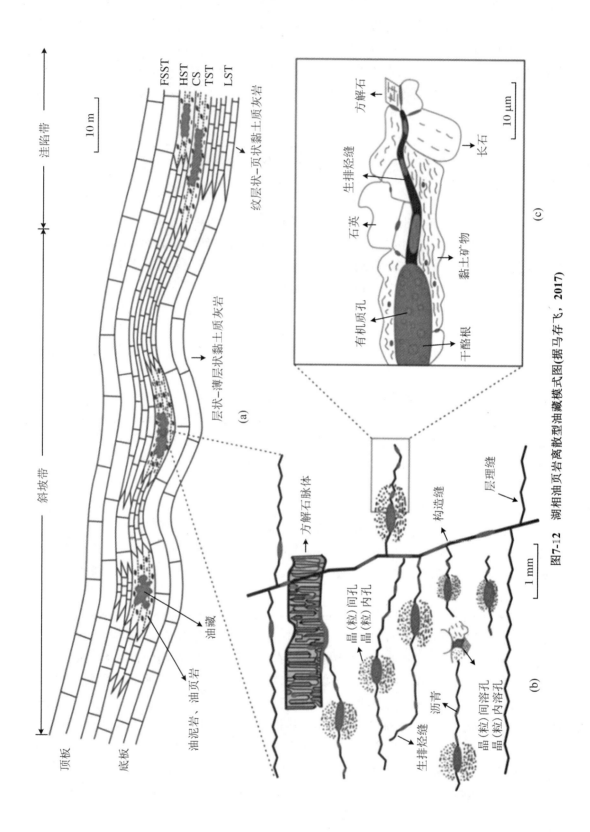

图7-12 湖相油页岩离散型油藏模式图(据马存飞, 2017)

综上所述,油页岩油藏是一种由沉积环境主控,具有自生自储自封盖、发育孔隙流体超压和多尺度运聚网络特征的特殊岩性油藏(图7-12)。

小　结

(1) 油页岩形成的古气候条件指示油页岩油藏主要形成于湖侵体系域和湖泊高水位体系域的密集段内。

(2) 沉积环境条件决定了油页岩油富集于陆相湖盆斜坡带或洼陷带内古地形低洼部位,敏感多变的沉积环境造成岩相复杂多样且相变剧烈而导致油页岩油藏宏观非均质性强,油层厚度薄且横向变化快,油气富集局限,分布离散而呈非连续型。

(3) 沉积环境演化形成一系列"三明治"型生储盖组合,强弱岩相互层的地层结构抵御外部构造应力破坏能力强而形成稳定封闭的圈闭环境,进而有利于沥青积累和保存,从而普遍发育孔隙流体超压,这与北部湾盆地流二段油页岩油藏超压特征吻合。

(4) 油页岩"叶脉"型多尺度运聚网络特征说明油藏内部微观非均质性强,存在优势运聚路径且在运聚路径上最大连通孔喉半径对游离态沥青渗流有关键作用,而大尺度的晶(粒)间孔和裂缝是重要的储集空间,特别是由十酪根热解生烃增压作用形成的生排烃缝紧邻干酪根而充填沥青,是陆相湖盆油页岩油藏有利的储集空间类型。

(5) 油页岩油藏自生自储自封盖特征和多尺度运聚特征表明油页岩岩相是构成油页岩油藏的关键,当开展页岩油藏有利目标评价或"甜点"预测时,应当以油页岩岩相为基本评价单元,且评价内容需要包括生油性、储集性、可流动性、可改造性和保存性以期全面反映油页岩油藏特征,通过系统分析不同岩相的生油性、储集性、可流动性、可改造性和可保存性等评价内容的影响因素,优选敏感参数和指标,采用模糊数学方法进行综合分类评价,这将是建立在油页岩油藏地质认识基础上的有效研究方法。

8 页岩油保存特征

8.1 逾渗与页岩油保存

8.1.1 逾渗理论概述

逾渗是一个极为普遍的物理与数学概念。最早描述的逾渗现象大概是在 20 世纪 50 年代，Flory 和 Stockmayer 在研究聚合物凝胶过程中发现了这一现象，大的凝胶分子是由小分子不断聚合、分叉生长形成的，并构建了一种网格模型——Bethe 网格，并在此基础上得到了很多关于逾渗现象的数学结论。逾渗理论最早由 Broadbent 和 Hammersley 于 1957 年创立，用来处理强复杂无序、并具有随机几何结构的理论方法。从数学角度讲，逾渗现象描述的是在一个二维或者三维的有限或者无限的区域，划分为许多大小相等的微小单元，并根据单元格的属性对其附上不同的数值，统计相同数值组成的连通团的大小。随着属性的不同，组成的连通团的数量和大小都在急剧变化，当其概率 P 达到某一临界值 P_1 时，连通团的数量迅速减少，最大连通团迅速增大，并跨越了有限区域的边界，如图 8-1 所示。

图 8-1　逾渗模型示意图(据赵丹,2017)

把这一类研究连通团大小变化的物理和数学问题定义为逾渗，即逾渗理论是用概率的理论与方法研究和表征一类随机介质由量变到质变的临界条件的物理与数学理论。逾渗理论在发现至今的几十年中,在自然和工程科学等领域受到了重视和应用。

表 8-1　常见网格模型的逾渗阈值(据赵丹,2017)

网格结构类型	键逾渗阈值	座逾渗阈值
链式结构	1	1
三角形结构	0.357 3	0.5
正方形结构	0.5	0.593
蜂窝形结构	0.652 7	0.698
面心立方结构	0.119	0.198
体心立方结构	0.179	0.255
立方体结构	0.257	0.311
金刚石结构	0.388	0.528
无规密堆积结构	—	0.27
Kagome 结构	0.55	0.652 7

我国学者赵阳升、冯增朝、吕兆兴、唐春安等针对逾渗模型开展过相关研究。假设二维方形点上的点可以随机占用,则当占用概率达到一定临界值(即逾渗阈值)时,点阵上将会有一个无限人的连通集团,逾渗集团由互连的点组成。从物理相变的角度来看,当逾渗集团出现时,认为存在逾渗转变,这些转变过程有一个临界点,称为逾渗阈值。当占用概率未达到逾渗阈值时,占座彼此独立,即无序;当达到逾渗阈值时,形成了大逾渗连接集团,则占座上的格子不再独立。不同的网格类型逾渗阈值不同,如表 8-1 所示。

从表 8-1 中可以看出,键逾渗模型的渗透阈值小于相同类型格子结构中座逾渗模型的逾渗阈值。这主要是由于相邻网格数量的差异。大的逾渗集团的概率越大,相应的渗滤阈值越小,这一结论在 Ising 模型、Potts 模型以及随机团模型中也成立。在岩石断裂期间发生微裂纹的发生、延伸、汇合和渗透的过程,均是逾渗概率发生转变的过程。

逾渗模型有两种研究方式,分别是座逾渗和键逾渗(图 8-2)。空间任何格子都由座和键组成,一组联结的键或者座称为一个集团。

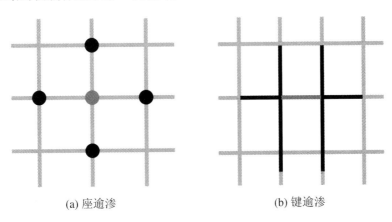

(a) 座逾渗　　　　　　　　　　　　(b) 键逾渗

图 8-2　逾渗模型示意图(据赵丹,2017)

1. 键逾渗模型（Site Percolation）

在这类逾渗过程中，所有的座是通的，每条键是连接的或者是不连接的，连接的概率是 P，不连接的概率是 $1-P$，每条键的连接概率与其相邻键的状态无关。

2. 座逾渗模型（Bond Percolation）

在这类逾渗模型中，所有的键是连通的，座可能连接或不连接。每个座的连接概率与其相邻座的状态无关。连接的座有时也叫作被占据的座，用来表达逾渗过程模拟的现象与浓度或密度的依赖关系。

对于键逾渗模型，相邻键相互连接；类似地，对于座逾渗模型，相邻的座也彼此连接。如果两个占座可以通过一系列相邻的占座连接，则两个占座属于同一集团。类似地，如果两个键可以通过由键连接的至少一个路径连接，则两个键称为同一集团。

由于页岩油藏压裂形成了具有渗透特征的多尺度、多形态、多分级的孔裂隙三维复杂网络结构，伴随着孔裂隙的不断演化，岩体介质内部的许多微孔裂隙形成的"连通"集团形成了多级连通通道，该"连通"集团与连通通道的形成与岩体内多级微尺度孔裂隙的演化行为密切相关。从逾渗理论的角度研究岩石的破裂可以揭示出页岩压裂裂缝演化与"连通"问题的物理内涵。

8.1.2 逾渗理论在页岩储层中的应用

渗流就是指流体在页岩储层中的流动，是自然界中普遍存在的现象。在早期的渗流研究中，通常用一簇不同直径的等高圆柱形毛细管来表示页岩储层，但由于这种毛管模型结构比较简单，毛管之间相互不连通，且毛管的半径也不发生变化，是一种高度理想化的模型，忽略了页岩储层本身固有的随机特性，导致对某些渗流现象模拟所得到的结果与实际情况差别很大。经过大量的实验分析和研究，可以用微孔体和微管道的半径分布函数来表征页岩储层的孔隙结构，微孔体代表较大的孔隙空间，微管道代表相对狭长的孔隙空间。在适当的映射关系下，页岩储层中的微孔体和微管道可以根据其半径的大小直接映射到逾渗模型中的"座"和"键"，形成逾渗网络，也就是说，由于逾渗模型本身具有随机性，故其更适合用来表征实际的页岩储层，大量的实验研究和理论分析也证实了这一点。

如果构建的模型能真实地反映实际页岩储层的孔隙特征，在给其赋予一定的渗流机制和传输特性的条件下，就能定量地预测出一些渗流参数，从而可以模拟流体的渗流过程。在对页岩储层的研究中，逾渗理论是和逾渗模型紧密联系在一起的，它们是紧密联系、互为补充的关系。和传统的均质页岩储层模型不一样的是，逾渗模型是对页岩储层在孔径尺度上的一种描述，它不仅可以描述孔径尺度上的物理化学过程，而且还可以描述更大尺度上的，但当在描述更大的尺度上的物理化学过程，如考虑到页岩储层的几何随机特征以及这种随机特征和流体性质之间的相互作用时，逾渗理论就发挥了至关重要的作用。

常规的逾渗模型分为两类基本模型，键逾渗模型和座逾渗模型。它们均属于静态的渗流过程，主要用于模拟页岩储层中孔隙网络等无序随机结构，并模拟流体在这些网络上的流动过程。通过对座逾渗模型和键逾渗模型的变化组合成更多更加符合实际的逾渗模型。这些模型及其相应渗流骨架已应用于各种无序随机系统的研究,如页岩储层中的渗流及无序系统的电导率等,所取得的结果均与实际相吻合。

孔隙网络模型起源于气体面罩内的多孔性碳粒的气体渗流研究,是由 Fatt 最早发展起来的,他用孔隙网络模型研究页岩储层二维网络的动、静态问题,利用网络模型系统分析了毛管压力曲线,并从中得到了有关孔道半径大小和分布的情况,研究了页岩储层中的多相流。Torelli 和 Scheidegger 根据逾渗理论的相关概念发展了一种由等径管构成的网络系统模拟页岩储层中的扩散问题。Torelli 在此基础上,采用不等径管构成网络系统研究相关渗流问题。Simon 和 Kelsey 利用逾渗网络模型研究了石油开采中的注水采油过程并计算了其效率。Larson 研究了石油开采过程中油斑的形成和移动,实验表明油斑的大小分布依赖于页岩储层的连通性,并且可以通过逾渗中的簇分布函数预测。1980 年,Golden 利用逾渗的数学处理方法预测了非饱和水渗透率,并为研究滞后现象提供了有效的途径。

1983 年,Wilkinsion 和 Willemsen 在研究页岩储层两相驱替过程中,引入了侵入逾渗的概念,并被应用到了模拟页岩储层中流体排出和吸入这两种完全不同的过程,排出过程由孔喉部半径决定,而吸入过程则主要取决于孔隙体部分的半径,实际上流体排出和吸入过程分别对应"键逾渗"和"点逾渗"。在侵入逾渗模型中,区别和确定哪些点和键可能被侵入和确实被侵入是至关重要的,因为当非润湿性的流体侵入逾渗多孔网络时,从连通性上考虑可以被侵入的网格可能由于与之相连的孔喉半径太小,导致产生很大的毛细力,从而阻止流体侵入。在 1985 年,Wilkinsion 和 Willemsen 证实了侵入逾渗模型和一般逾渗模型是相通的,它们有着类似的性质,有关侵入逾渗的大部分结论都可以从一般的逾渗模型中得到,如逾渗集团的分形维数、簇分布函数等。

侵入逾渗模型已被成功地应用于页岩储层中的流体驱替过程,得到的相关结果与实验的完全一致,还被用来解释毛管压力曲线。利用孔隙网络模型研究了油水两相驱替过程,并用不同方法计算出模型的饱和度、孔隙间的驱替流动过程和毛细管压力以及相对渗透率等。在国内,逾渗理论在渗流中的应用研究比较活跃。刘志峰等研究得出二维格子逾渗模型在逾渗的临界点及其附近,低雷诺数的流动渗透率具有和电导率一样的标度律关系。李世宝利用逾渗理论建立的逾渗网络模型研究了泡沫在均质、非均质页岩储层中的渗流机理及规律。金佩强等利用逾渗理论建立了三维两相水驱模型,并分析了模型晶格大小对残余油饱和度的影响。胡雪蛟等根据逾渗理论建立了突破压力的逾渗模型,运用重整化群求解的方法,确定了页岩储层的突破压力与页岩储层孔隙率、渗透率、流体物性和临界概率的函数关系,揭示了流体在页岩储层内的多相流动与驱替过程的机理。

处理强无序和具有随机几何结构的系统的理论方法甚少,其中最好的方法之一就是逾渗理论,且由于逾渗模型的普适性和对自然现象描述的精确性不仅应用于单一孔隙介质渗流领域,而且还广泛地应用于说明众多物理、化学、生物及社会现象等其他众多相关领域,如群体中疾病的传播流行、锅炉及蒸煮设备中污垢的形成、通讯或电阻网络的连接、水洗除尘和静电除尘、金属材料的失效、锅炉尾部受热面的积灰等。因为逾渗理论简单浅显的数学理论,且能直观、明确地描述无序和随机结构,而且随着逾渗理论不断发展,其应用范围和领域还在不断扩大。

8.1.3 逾渗对页岩油保存的作用

逾渗对页岩油保存的作用主要体现在以下几个方面：

1. 增加页岩油的采收率

逾渗技术可以通过改变页岩中原有的物理和化学特性，提高页岩油的渗透性和流动性，从而增加采收率。常见的逾渗技术包括水驱、气驱、聚合物驱、化学驱等。

2. 减少页岩油的残留油

逾渗技术可以改变页岩油在储层中的分布状态，使原本无法流动的残留油转化为可采集的油。通过逾渗技术，可以有效地减少页岩油的残留量，提高资源利用率。

3. 提高页岩油的生产率

逾渗技术可以改善页岩油的流动性，增加油井的产能。通过在页岩油储层中注入适当的驱替剂，可以改变岩石孔隙结构，减小油水界面张力，从而提高油井的产能。

4. 延长页岩油田的产能衰减期

逾渗技术可以改善页岩油田的开发效果，延长产能衰减期。通过逾渗技术，可以有效地提高页岩油田的开采效率和采收率，延缓产能的下降速度，延长油田的寿命。

总的来说，逾渗技术对页岩油的保存起到了至关重要的作用，可以提高采收率、减少残留油、提高生产率和延长产能衰减期，从而更有效地利用页岩油资源。

8.2 页岩油保存及散失模型

8.2.1 保存评价单元划分

页岩油散失情况是页岩资源评价的重要内容，页岩油散失情况同样是复杂构造区页岩油资源评价的关键要素。北部湾盆地流二段地质结构复杂，保存条件差异大，因此，有必要根据不同构造部位的保存条件优劣进行页岩油保存评价单元的划分，分单元开展构造改造区残留页岩油资源量评价。

根据流二段流沙港组地层埋深、构造变形强度、断裂发育程度、上覆盖层发育情况和地层压力条件等因素，将研究区划分出凹陷区、构造稳定区、冲断改造区和地表出露区4类保存评价单元。凹陷区指距离北部湾盆地具有一定距离，构造变形相对较弱的区域；构造稳定区为推覆冲断断层上下盘构造变形相对较弱的部位；冲断改造区为由一系列逆冲断层、反冲断层和断块组成的强烈构造变形区，地层剥蚀严重，三叠系及以上地层剥蚀殆尽，甚至上二叠统也遭受不同程度的剥蚀；地表出露区指流沙港组抬升至地表的出露区域。

8.2.2 页岩油散失量表征

相对于吸附烃而言，地质历史过程中游离烃更易散失。研究中为了解决页岩油绝对散失量难以确定的问题,提出了相对保存系数的概念,即将页岩油散失量的研究核心转化为保存系数权重赋值合理确定的问题。将保存条件最为优越的凹陷区作为标准刻度区,认为页岩油基本无散失,保存系数权重赋值取1.0。为了减少保存系数权重赋值的人为因素影响,选取了研究区不同构造区带的典型探井和露头剖面,通过油页岩样品总有机碳(Total Organic Carbon,TOC)、岩石热解烃S_1和氯仿沥青"A"3类测试分析,基于数理统计分析,建立有机质丰度与含油率量化关系。在此基础上,进行不同单元、不同岩相页岩油的散失量评价。不同岩相岩石的有机质丰度与含油率(热解烃S_1、氯仿沥青"A")相关性分析认为,无论是基质型岩相,还是夹层岩型岩相,样品的可动烃含量均表现为随有机碳含量增高呈增大的趋势(图8-3、图8-4)。不同岩相类型页岩油样品的有机质丰度与含油率之间的量化关系存在明显的差异:基质型岩相有机碳含量与含油率两者呈幂函数关系,基层型岩相有机碳含量与含油率两者为线性关系,不同保存单元内相同岩相的页岩油含油率随有机碳含量的变化特征也存在一定差异,反映出保存条件优劣是造成地质历史过程中页岩油散失及古今岩石含油率变化的重要因素,保存条件越好,岩石含油越高。同时,不同岩相储层储集空间与孔隙结构对页岩油可动烃含量具有明显的控制作用,夹层型页岩油以游离态赋存形式为主,因而散失作用更加明显。

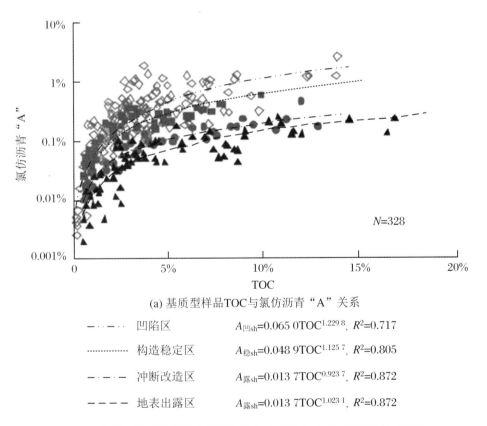

(a) 基质型样品TOC与氯仿沥青"A"关系

— · — · — ·	凹陷区	$A_{凹sh}=0.065\,0TOC^{1.229\,8}$, $R^2=0.717$
············	构造稳定区	$A_{稳sh}=0.048\,9TOC^{1.125\,7}$, $R^2=0.805$
— · — · —	冲断改造区	$A_{露sh}=0.013\,7TOC^{0.923\,7}$, $R^2=0.872$
— — — —	地表出露区	$A_{露sh}=0.013\,7TOC^{1.023\,1}$, $R^2=0.872$

图8-3 样品不同评价单元有机碳含量与热解烃S_1关系(据王圣柱,2020)

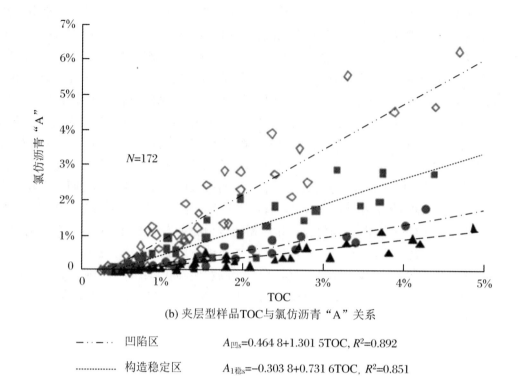

(b) 夹层型样品TOC与氯仿沥青"A"关系

— · — · · 凹陷区 $A_{凹s}=0.464\ 8+1.301\ 5TOC,\ R^2=0.892$

· · · · · · · 构造稳定区 $A_{1稳s}=-0.303\ 8+0.731\ 6TOC,\ R^2=0.851$

— · — · 冲断改造区 $A_{冲s}=-0.202\ 1+0.382\ 4TOC,\ R^2=0.881$

— — — 地表出露区 $A_{露s}=-0.152\ 0+0.259\ 2TOC,\ R^2=0.851$

图 8-3 样品不同评价单元有机碳含量与热解烃 S_1 关系(据王圣柱,2020)(续)

图 8-3 中,$A_{凹sh}$为凹隐区基质型岩相氯仿沥青"A"含量,以百分比表示;

$A_{稳sh}$为构造稳定区基质型岩相氯仿沥青"A"含量,以百分比表示;

$A_{冲sh}$为冲断改造区基质型岩相氯仿沥青"A"含量,以百分比表示;

$A_{露sh}$为地表露头区基质型岩相氯仿沥青"A"含量,以百分比表示;

$A_{凹s}$为凹陷区夹层型岩相氯仿沥青"A"含量,以百分比表示;

$A_{1稳s}$为构造稳定区夹层型氯仿沥青"A"含量,以百分比表示;

$A_{冲s}$为冲断改造区夹层型岩相氯仿沥青"A"含量,以百分比表示;

$A_{露s}$为地表露头区夹层型岩相氯仿沥青"A"含量,以百分比表示;

TOC 为有机碳含量,以百分比表示。

图 8-4 中,$S_{1凹sh}$为凹陷区基质型岩相热解烃 S_1 含量,单位为 mg/g;

$S_{1稳sh}$为构造稳定区基质型岩相热解烃 S_1 含量,单位为 mg/g;

$S_{1冲sh}$为冲断改造区基质型岩相热解吸附烃 S_1 含量,单位为 mg/g;

$S_{1露sh}$为地表露头区基质型岩相热解烃 S_1 含量,单位为 mg/g;

$S_{1凹s}$为凹陷区夹层型岩相热解烃 S_1 含量,单位为 mg/g;

$S_{1稳s}$为构造稳定区夹层型岩相热解烃 S_1 含量,单位为 mg/g;

$S_{1冲s}$为冲断改造区夹层型岩相热解吸附烃 S_1 含量,单位为 mg/g;

$S_{1露s}$为地表露头区夹层型岩相热解烃S_1含量,单位为 mg/g;

TOC 为有机碳含量,以百分比表示。

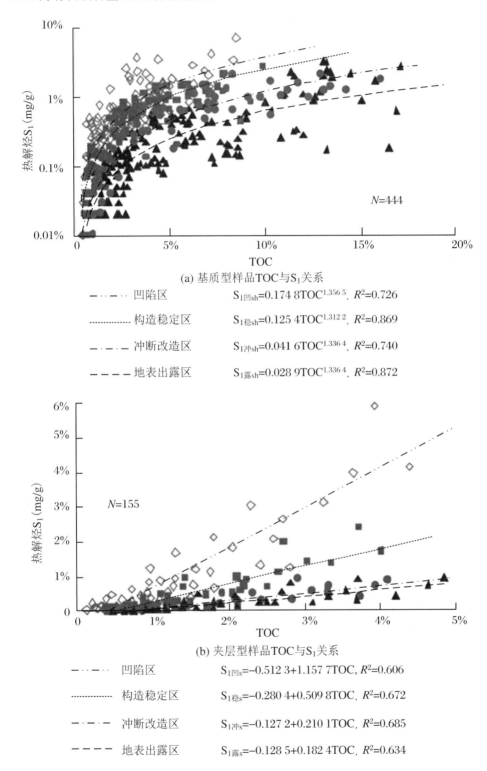

(a) 基质型样品TOC与S_1关系

— ·—··· 凹陷区　　　　　　$S_{1凹sh}=0.174\ 8TOC^{1.356\ 5}$, $R^2=0.726$

············· 构造稳定区　　　　$S_{1稳sh}=0.125\ 4TOC^{1.312\ 2}$, $R^2=0.869$

— ·—· 冲断改造区　　　　$S_{1冲sh}=0.041\ 6TOC^{1.336\ 4}$, $R^2=0.740$

— — — 地表出露区　　　　$S_{1露sh}=0.028\ 9TOC^{1.336\ 4}$, $R^2=0.872$

(b) 夹层型样品TOC与S_1关系

— ·—··· 凹陷区　　　　　　$S_{1凹s}=-0.512\ 3+1.157\ 7TOC$, $R^2=0.606$

············· 构造稳定区　　　　$S_{1稳s}=-0.280\ 4+0.509\ 8TOC$, $R^2=0.672$

— ·—· 冲断改造区　　　　$S_{1冲s}=-0.127\ 2+0.210\ 1TOC$, $R^2=0.685$

— — — 地表出露区　　　　$S_{1露s}=-0.128\ 5+0.182\ 4TOC$, $R^2=0.634$

图 8-4　样品不同评价单元有机碳含量与氯仿沥青"A"关系(据王圣柱,2020)

8.2.3 保存系数量化赋值

根据建立的不同评价单元(岩相)的有机质丰度与可动烃量化模型,分别将构造稳定区、冲断改造区、地表出露区与标准刻度区进行比对,确定其对应的相对保存系数权重赋值,具体公式为

$$K_{S_1 单元ish} = \frac{S_{1单元ish}}{S_{1标准sh}} \tag{8-1}$$

$$K_{S_1 单元is} = \frac{S_{1单元is}}{S_{1标准s}} \tag{8-2}$$

式中,$K_{S_1 单元ish}$为某评价单元基质型岩相热解烃 S_1 法相对保存系数权重赋值;

$S_{1标准sh}$为标准区基质型岩相热解烃 S_1 含量,单位为 mg/g;

$S_{1单元ish}$为某评价单元基质型岩相热解烃 S_1 含量,单位为 mg/g;

$K_{S_1 单元is}$为某评价单元夹层型岩相热解烃 S_1 法相对保存系数权重赋值;

$S_{1标准s}$为标准区夹层型岩相热解烃 S_1 含量,单位为 mg/g;

$S_{1单元is}$为某评价单元夹层型岩相热解烃 S_1 含量,单位为 mg/g。

为了保证不同评价单元的有机质丰度与含油率量化关系比对样本点具有代表性,需根据不同岩相类型的有机碳含量分布特征,选取合理的 TOC 比对区间(m,n)和比对间隔 inter,进而确定比对样本点及样本数 N,取样本点相对保存系数权重赋值的算术平均值作为相应评价单元对应岩相的保存系数综合权重赋值,如公式(8-3)~公式(8-5)所示。基质型岩相富含藻类生烃母质,表现为高有机质丰度特征,TOC 分布区间为 0.35%~17.11%,夹层型岩相虽然自身生成烃量相对较低,但受外来烃充注的影响,也表现出较高的有机质丰度,TOC 分布区间为 0.15%~5.01%。不同岩相岩石有机质丰度分布特征综合分析,基质型岩相选择 TOC 比对区间为(1.0,12.0],比对间隔取 0.2%;夹层型岩相选择 TOC 比对区间为(0.5,5.0],TOC 比对间隔取 0.1%。

$$N = \frac{n-m}{inter} \tag{8-3}$$

$$K_{单元ish综} = \frac{K_{单元ish1} + K_{单元ish2} + K_{单元ishj}}{N} \quad (j=1,2,\cdots,N) \tag{8-4}$$

$$K_{单元is综} = \frac{K_{单元is1} + K_{单元is2} + K_{单元isj}}{N} \quad (j=1,2,\cdots,N) \tag{8-5}$$

式中,N 为不同评价单元比对样本数;

i 为某一类评价单元,构造稳定区、冲断改造区或地表露头区;

m 为 TOC 比对区间左侧低值,以百分比表示;

n 为 TOC 比对区间右侧高值,以百分比表示;

$inter$ 为 TOC 比对取值间隔,以百分比表示;

$K_{单元ish综}$为评价单元 i 泥岩型页岩油保存系数相对权重赋值算数平均值;

$K_{单元ishj}$为评价单元 i 基质型岩相第 j 个样本点保存系数相对权重赋值;

$K_{单元is综}$为评价单元 i 砂岩型页岩油保存系数相对权重赋值算数平均值;

$K_{单元isj}$为评价单元 i 夹层型岩相第 j 个样本点保存系数相对权重赋值;

j 为比对样本数。

根据不同评价单元不同岩相保存系数相对权重综合赋值公式,确定研究区 4 类评价单元 2 种岩相页岩油的保存系数相对权重综合赋值(表 8-2)。研究表明,受构造作用的影响,流二段流沙港组不同岩相类型的页岩油在地质历史时期均发生了不同程度的散失,原油散失量可占原始页岩油量的 35%~85%,夹层型岩相页岩油以游离态赋存形式为主,散失作用更加明显,同一保存评价单元内其散失量较基质型页岩油偏高。

在不同评价单元(岩相)保存系数权重确定的基础上,利用热解烃 S_1 法、氯仿沥青"A"法和含油饱和度法对基质型和夹层型页岩油原始资源量和残留资源量进行评价。结果表明,研究区残留页岩油资源量为 15.7×10^9 t,仅为原始页岩油资源量的 35% 左右。保存条件优劣与页岩油散失对复杂构造区页岩油资源评价会产生重要影响。

表 8-2　流二段流沙港组不同评价单保存系数权重赋值(据王圣柱,2020)

保存评价单元	热解烃 S_1 法		氯仿沥青"A"法	
	基质型	夹层型	基质型	夹层型
凹陷区	1.0	1.0	1.0	1.0
构造稳定区	0.67	0.51	0.65	0.53
冲断改造区	0.29	0.16	0.26	0.25
地表露头区	0.16	0.13	0.15	0.16

小　　结

(1)流二段流沙港组表现出陆源碎屑组分和碳酸盐组分混合沉积特点,发育基质型和夹层型两类 10 余种岩相;流二段流沙港组构造叠加改造地质结构复杂,保存条件优劣差异大,划分出凹陷区、构造稳定区、冲断改造区和地表露头区 4 类保存评价单元。

(2)北部湾盆地复杂构造区的页岩油散失作用不容小觑,地质历史演化过程中会发生不同程度的散失,不同岩相储层储集空间类型与孔隙结构是控制页岩油散失的微观机制,不同构造部位保存条件是控制页岩油散失的宏观要素,建立的不同评价单元基质型和夹层型页岩油的散失量量化评价模型,为复杂构造区残留页岩油资源科学评价奠定了基础。

9 原油可动性分析

页岩油是泥页岩烃源岩层系内滞留的液态烃,或仅经过泥页岩层系内部调整运移后就地聚集的液态烃,主要在有机质演化的液态烃生成阶段形成。页岩油储集层的孔喉直径以30~400 nm 为主,存在吸附与游离两种赋存状态,其中主要以吸附态存在于有机质内部和表面,以吸附态和游离态存在于黄铁矿晶间孔内。由于黏土、石英、长石等矿物颗粒表面束缚水膜的存在,矿物基质纳米孔喉中的液态烃主要呈游离态赋存,其次为吸附态;微裂缝中的残留液态烃也以游离态为主。页岩油可动资源指满足页岩自身饱和吸附后以游离态赋存的石油资源,根据物质平衡原理,页岩油可动资源量等于原地页岩油资源量减去页岩饱和吸附油量,即页岩油要达到呈游离态并可动的条件必须首先满足页岩自身的饱和吸附。因此进行页岩油可动资源评价的关键就是准确评价原地页岩油资源量和页岩油饱和吸附油量。

9.1 研 究 现 状

9.1.1 页岩油研究现状

北美石油工业已经实现从常规油气向非常规油气的跨越。目前勘探界所说的非常规油气主要指页岩系统油气,包括致密油气与页岩油气。页岩油存储于富有机质中,以纳米级孔为主。页岩油存在 3 种定义:一是与油页岩有关的页岩油;二是广义页岩油,泛指蕴藏在具有低的孔隙度和渗透率的致密含油层中的石油资源,对其开发需要使用与页岩气类似的水平井和水力压裂技术;三是狭义页岩油,指由页岩地层所生成,且未经历运移原位滞留或仅经过极短距离运移而就地聚集的原油。本书认为,页岩油的赋存以富有机质页岩层系(烃源岩)为主,也可包含粉砂岩、细砂岩、碳酸盐岩等,但其单层厚度不大于 5 m,累计厚度占页岩层系总厚度比例不超过 30%。页岩油通常无自然产能或低于工业石油产量下限,常需采用特殊工艺技术措施才能获得工业石油产量。

与北美页岩油主要发育在海相页岩地层中不同,我国含油页岩主要为陆相页岩,陆相页岩往往具有储层非均质性强、纵向岩性变化快、脆性矿物含量低及可改造性差等特点,且陆相页岩油具有成熟度低、密度大、含蜡量高和黏度高等不利因素。按页岩热演化程度来分类的话,可将中国陆相页岩油分为中-高成熟度页岩油($R_o = 1.0\% \sim 1.5\%$)和中-低成熟度页岩油($R_o = 0.5\% \sim 1.0\%$)两类。按页岩层系岩性组合差异,可将中-高成熟度页岩油划分为源储一体型、源储分异型、纯页岩型 3 种类型。而中-低成熟度页岩油黏度稠度大,流动性不好,页岩油未转化有机质与滞留石油占比高。当前我国正积极开展技术探索如原位转化技术,将中-低成熟度陆相页岩层系中大量滞留于页岩层系的巨大开采潜力有效动用,实现我国页岩油全方位的合理有效开发。

9.1.2 地球化学指标在页岩生烃潜力评价与古环境中的应用

有机地球化学方法常用于评价烃源岩的品质,生油岩的生油潜力主要取决于生油母质-有机质的丰度、有机质类型及其演化程度,常用的有机质丰度评价参数主要有有机碳含量、氯仿沥青"A"含量和生烃潜量等。不同类型的有机质具有不同的化学结构、热稳定性及裂解产物,因此有机质类型的研究是研究区油气潜能评价的基础,根据 H_1-T_{max} 和 HIOI 图解,正构烷烃碳链分布特征、类异戊二烯烃烷/烷相对含量比值等能够反映有机质类型。有机质的类型不仅影响着烃源岩的生烃潜力、生烃类型、热演化程度,同时也可以反映出烃源岩古环境与母质来源等有关信息。有机质热演化程度是衡量烃源岩生烃能力的重要指标之一,目前有很多指标可以用来表征烃源岩的成熟度,如镜质体反射率、热解峰温、正构烷烃碳优势指数(CPI)和奇偶碳优势比(OEP)等一系列地球化学参数。

9.1.3 页岩油含油性评价研究现状

页岩含油性是指页岩中的含油量,即由干酪根生烃并排烃后滞留在页岩中的液态烃量。页岩含油性对于页岩油的开发至关重要,直接影响开采的经济价值。页岩含油性是评价页岩油富集程度的关键指标之一。

目前对页岩含油性的表征与评价主要采用以下方法获得:岩心实测法(蒸管抽提法、常压干馏法、岩心流动实验法、核磁共振法)、地球化学参数法、含油饱和度法、物理测试法、测井评价法与统计法。

9.1.3.1 岩心实测法

岩心实测法主要是通过低温干馏获取油页岩含油量。具体实验步骤如下:

① 将样品粉碎至 3 mm 以下;

② 称量 M(50±0.5 g)页岩样本,放于铝甄瓶中按程序升温加热,铝甄导出管接口处安装锥形瓶冷凝回收装置,用于冷却蒸出的油和水,加热到 520 ℃后稳定 20 min,停止加热降温。

③ 称量锥形瓶中的油和水的总质量 m_1,用油水分离器测定水的质量为 m_2,油的质量为 m_1-m_2,铝甄中的半焦冷却后,称量半焦质量,记为 m_3,因此,得到含油率的计算公式如下:

$$含油率 = \frac{m_1 - m_2}{M} \times 100\% \qquad (9\text{-}1)$$

9.1.3.2 地球化学参数法

有机地球化学参数最能够直接反映页岩含油性的地球化学指标是氯仿沥青"A"含量和

热解烃(S_1)量。这两个参数分别对应于所生成的页岩油中不同的组分来表示滞留烃含量。虽然氯仿沥青"A"和游离烃S被用来定量表征页岩的含油性,但实际上它们并不能与页岩的滞留烃含量画上等号,因为在实验过程中不可避免会存在参数的轻损失与重残留(图9-1)。因此,用这2种方法评价页岩含油性存在一定的缺陷。

为了更准确地评价页岩油资源,获得更为准确的页岩油的含油性评价参数,部分学者们提出了对游离烃S进行轻、重校正模型与氯仿沥青"A"含量轻烃校正模型。还有一部分学者针对传统热解法与抽提法的不足,提出了多温阶分段热解法和多溶剂逐级抽提法,从而实现定量表征页岩体系中不同赋存状态下的滞留油量。

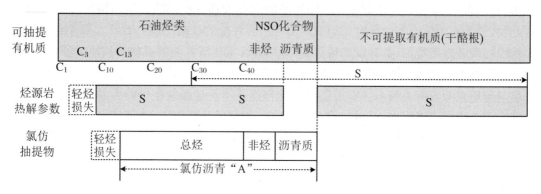

图 9-1　氯仿沥青"A"和热解峰之间的关系(据 Bodenavoe 改,1993)

9.1.3.3　含油饱和度法

含油饱和度法是通过将泥页岩孔隙度与含油饱和度相乘后换算成以质量百分比为计数单位的含油率表征方法。适合于孔隙度和含油饱和度相对较易获得的地区,特别是裂缝型储层。

9.1.3.4　物理测试法

物理测试方法不需要对岩心样品进行破坏,在某种意义上算作无损测量。当前有岩心流动实验法、红外波长组合法、核磁共振法等物理测试方法。

含油饱和度(S_o,以百分比表示)是表征常规储层流体物性重要指标,常用于评价页岩含油性。核磁共振是利用油、水分子中的质子(H)在磁场中具有共振的特性,来探测岩石物性和流体性质的实验手段。核磁共振信号由强变弱衰减过程称为弛豫,而整个弛豫过程中所持续时间称为弛豫时间。通常将弛豫时间较长的流体定为可动流体,可动流体占总流体量的百分比值即为可动流体饱和度,由此可以计算得到页岩的含油饱和度。

9.1.3.5　测井评价法与统计法

由于在实际的含油率计算与统计的过程中得到的实验数据存在间断性,因此,基于完整测井数据来计算页岩含油率可以作为一些含油性评价方法以外的有效佐证,该方法适合于资料丰富,研究程度较高的地区。统计法是指通过建立 TOC、孔隙度等参数与含油率的统计关系模型,根据统计关系进行相应赋值,从而得到符合研究区实际情况的含油性评价结果。

9.1.4　页岩可动油预测

在当前技术条件下,以吸附态和溶解态赋存于有机质中的页岩油资源开采利用难度巨大。因此,页岩油可动性成为页岩油可采效率与富集程度的控制因素。如何评价页岩油的可动性,预测页岩油的可动油量成为了页岩油勘探开发过程中的焦点问题。目前对于页岩油可动性的表征主要有以下几种方法:

(1) Jarvie 提出含油饱和指数法(Oil Saturate Index,简称 OSI)即用游离烃 S_1 与 TOC 的比值来判断页岩油可动性。认为当含油饱和指数达到 100 mg/g 以上,页岩中的游离油才能流动,这被称为"油跨越"(Oil Crossover)现象;但当 S_1 与 TOC 两者含量都很低时或是 TOC 较低,S_1 含量较高的烃源岩样品,最终得到的 OSI 可能在判别过程中存在误差。

(2) 李水福等提出了运用自由烃差值法来评价页岩油可动油量,即根据干酪根生烃原理,从理论上计算出泥页岩的原始生烃量,再减去现今残存量,即得出自由烃差值。自由烃差值为正值,且差值越大,表明烃类排出越多,排烃作用越强,可动油量越少。差值出现负值,说明有外来烃运移至此,负值越大,说明外来烃运移量越多,可动油量增多。

(3) 李骥远等和卢双舫等通过核磁共振技术与驱替实验评价泥页岩样品中的可动油量,量化可动油量的下限。

(4) 张林晔等和包友书等用油开发指标如超压、原油饱和压力、弹性驱动力和溶解气驱动力从地层能量和模拟实验的角度评价了页岩储层的可动油率。

(5) 王文广等利用页岩油资源量与饱和吸附潜力的差值评价页岩的游离油量,结合体积法,预测页岩油资源量与可动油资源量。

9.2　基于含油饱和度指数的页岩油可动性

OSI 是基于北美海相页岩油勘探开发实践提出的页岩油可动性评价参数,即热解 S_1 与 TOC 的比值,当含油饱和度指数小于 100 mg/g 时,泥页岩中的液态烃类不满足页岩中有机质或矿物自身的吸附量,此时页岩油无法有效流动;当含油饱和度指数高于 100 mg/g 时,泥页岩中的液态烃满足矿物的吸附和有机质的吸附、互溶后,能够从页岩内部有效排出。由于不同矿物和不同有机质类型对液态烃的吸附能力差异较大,而北美海相盆地页岩层系与我国陆相盆地页岩层系相比无论是矿物组成还是有机质类型均存在较大差异,因此,含油饱和度指数为 100 mg/g 的界限是否适用于陆相页岩油可动性评价还存在争议。

Jarvie 于 2012 年提出的 OSI 是一种用于评估页岩油可动性的方法。该方法通过计算 S_1 与 TOC 的比值来确定页岩中可流动的油的含量。这种方法的提出,为页岩油的开发提供了一种快速、简便且可靠的评价工具。

随着全球能源需求不断增长,页岩油作为一种新兴的能源资源逐渐受到人们的关注。然而,由于页岩油的特殊性质,使其在开发利用过程中具有一定的挑战,其中最主要的问题之一就是页岩油的可动性。可动性是指页岩中的油能否流动,直接影响着开采和提取技术的选择以及经济效益的实现。

在传统的页岩油可动性评价方法中,常使用热解实验来测定含油页岩中的 S_1 含量,这是页岩中可流动的油的主要组分,因此 S_1 的含量可以反映页岩油的可动性。然而,热解实验需要较高的温度和较长的时间,且结果受到温度和时间的影响较大。这导致热解实验在实际应用中有一定的局限性。

因此,Jarvie 提出了 OSI,该方法通过简化和加速的方式,评估页岩油的可动性。OSI 方法的核心是计算 S_1 与 TOC 的比值。S_1 代表了页岩中可流动油的含量,TOC 则代表了页岩中所有有机质的总量。因此,通过 S_1/TOC 的比值可以确定页岩中可流动油的含量,从而评估页岩油的可动性。

为了应用 OSI 方法,需要进行以下步骤:

1. 岩心样品采集与制备

从目标页岩中采集岩心样品,并进行处理和制备,以提取样品中的有机质。

2. 分析游离烃

将制备好的样品进行热解实验,通过高温加热将其中的游离烃释放出来。游离烃是具有可流动性的油的主要组分,因此测量其含量可以反映页岩油的可动性。

3. 分析总有机碳

使用适当的技术和方法分析样品中的总有机碳含量,TOC 代表了所有有机质的总量。

4. 计算含油饱和指数

通过将 S_1 的测量结果除以 TOC 的测量结果,计算得出 OSI,该指数表示了页岩中可流动油所占的比例,是评估页岩油可动性的关键指标。

根据 OSI 的数值大小,可以评估页岩油的可动性。通常情况下,OSI 数值越高,表示页岩油的可动性越好,可流动油的含量越高。这对于页岩油的开采和提取具有重要意义,因为可流动油的含量越高,就越有利于采取有效的开发方法。

OSI 方法的优点是快速、简便且可靠。相较于传统的热解实验,OSI 方法无须高温和长时间的热解过程,因此节省了时间和成本。此外,OSI 方法的结果较为可靠,对于评估页岩油的可动性具有较高的准确性。

然而,OSI 方法也存在一定的局限性。首先,该方法只能评估页岩中可流动油的含量,而不能提供关于油质量和其他性质的信息。其次,不同类型的页岩可能存在一定的差异,需要根据不同的页岩类型进行调整和修正。总的来说,Jarvie 提出的 OSI 是一种快速、简便且可靠的评估页岩油可动性的方法。通过计算 S_1 与 TOC 的比值,可以确定页岩中可流动油的含量。然而,该方法仅适用于评估油的可动性,对于其他性质的评估仍需其他方法和手段。在将 OSI 方法应用于实际工程中时,需要根据具体情况进行调整和修正,以提高评估的准确性和可靠性。

根据全岩热解和总有机碳分析实验结果,计算出北部湾盆地流二段不同深度样品含油饱和度指数介于 $81 \sim 120$ mg/g 范围,平均值为 95.48 mg/g。虽然只有 37% 的样品含油饱和度指数大于 100 mg/g,但综合来看流二段页岩油具有较好的可动性。根据含油饱和度指数判断,纵向上,研究区流二段在 3 165~3 166 m 深度范围内的可动油含量最高(图 9-2),为页岩油勘探的有利层段。

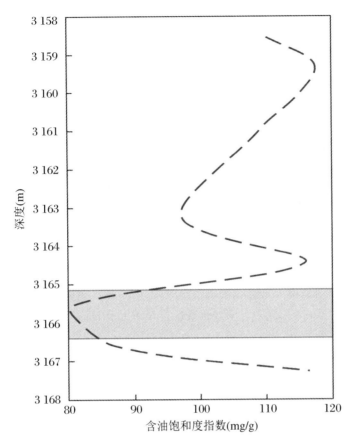

图 9-2　流二段不同岩相含油饱和度指数随深度变化图

9.3　自由烃差值评价页岩含油性的思想

自由烃差值判别与评价页岩含油性的核心思想是首先根据页岩的非均质性,将相对均质的岩体划分成微小的生排烃单元,然后再根据干酪根生烃原理,计算出每个生排烃单元的原始生烃量,最后减去相应单元的烃类现存量,即可获得该生排烃单元的自由烃差值,由此判别生排烃单元的排烃情况和含油性。

9.3.1　烃类排出与进入强度判断

若自由烃差值为负值,说明有外来烃进入;自由烃差值为正值,说明有烃类排出。那么,自由烃负差值绝对值越大,表明外来烃越多;自由烃正差值越大,表明排烃作用越强。

9.3.2 页岩含油性(可动油含量)判断

若自由烃差值小于零,表明该生排烃单元原始生烃量没有现存自由烃量大,即可判断有邻近的其他单元进入外来烃。该单元烃源岩特点是有机碳含量比邻近的低,其本身生烃潜能差,原始生烃量小,但由于邻近单元的生烃能力强,形成较强的烃类浓度差,驱使邻近单元烃进入。同时,又因它们之间存在毛细管压力差,生烃能力好的单元孔径一般小于生烃能力差的单元,驱使烃类由孔径小的单元向孔径大的单元微运移。相反,烃类又难以从孔径大的单元向孔径小的单元排出而滞留(毛细管阻力作用),因此使得外来烃得以保存,导致自由烃差值为负值。这类单元属于开放型富烃单元(简称为Ⅰ型单元,是页岩含油性最好的类型)。

若自由烃差值大于零,但差值不大,或接近于零值,表明该生排烃单元的原始生烃量与现存自由烃量相当,即该单元与邻近单元的连通性较差,这类单元属于封闭型单元(简称为Ⅱ型单元)。它可能存在以下 2 种情况:第一种情况是该单元有机碳含量高,生烃能力强,生烃量大,但由于与外界相对封闭,生成的烃类基本上没有向外排出,导致现存自由烃量也大,所以两者差值趋于零;该单元含有较高的自由烃现存量,属于封闭型富烃单元(简称为Ⅱ₁型单元,是页岩含油性次好的类型)。第二种情况是该单元有机碳含量低,生烃潜能差,生烃量小,满足岩石本身吸附之外,剩余的烃不多,加上与外界连通性差,生成的烃类基本上没有向外排出,但也没外来烃进入,导致现存自由烃量也小,所以两者差值也趋于零;该单元含有较低的自由烃现存量,属于封闭型贫烃单元(简称为Ⅱ₂型单元,是页岩含油性次差的类型)。

若自由烃差值大于零,且差值较大,表明该生排烃单元的生烃量大于现存自由烃量,即可判断该单元生成的烃类基本上向邻近单元排出。该单元特点是有机碳含量高,生烃能力强,生烃量大,且与外界有良好的连通性(微裂缝发育),使得该单元生成的烃类排出量多,导致现存自由烃量少,两者差值大,这类单元属于开放型贫烃单元(简称Ⅲ型单元,是页岩含油性最差的类型)。

Ⅰ型与Ⅱ型单元以零值为界限,Ⅱ型与Ⅲ型单元的界限值需要根据具体地区的实际情况而定。

那么,在剖面上,Ⅰ型单元出现较多的层段可以判断为Ⅰ型层段,Ⅱ₁单元出现较多的层段可判断为Ⅱ₁型层段,Ⅱ₂型单元出现较多的层段判断为Ⅱ₂型层段,Ⅲ型单元出现较多的层段判断为Ⅲ型层段。在平面上,Ⅰ型层段出现较多的区域可以判断为Ⅰ型区域,Ⅱ₁层段出现较多的区域判断为Ⅱ₁型区域,Ⅱ₂型层段出现较多的区域判断为Ⅱ₂型区域,Ⅲ型层段出现较多的区域判断为Ⅲ型区域。

这样,就可以根据Ⅰ型、Ⅱ₁型、Ⅱ₂型和Ⅲ型单元出现的层段和区域来预测页岩的含油性在剖面上和平面上的分布规律,从而为页岩油"甜点"预测和勘探提供可靠的理论依据和实践指导。

9.3.3 自由烃差值计算方法

计算自由烃差值需要 TOC,S_1,以及 R_o 等原始测试资料,还需要干酪根热模拟产烃率

曲线数据及其与 R_o 的回归关系式等。

先根据该地区的镜质体反射率 R_o 随深度变化回归公式,计算出每个样品所处的深度对应的 R_o 值,根据干酪根类型选择相应的产烃率曲线,再由 R_o 计算出相应的产烃率(即单位质量 TOC 的产烃量,Hydrocarbon Generation Rate,缩写成 HCGR),然后将 HCGR 乘以 TOC,即得单位岩石生烃量(Hydrocarbon Generation Quantity,缩写成 HCGQ),最后将 HCGQ 减去校正后的 S_1,求出自由烃差值 Δ_{S_1}。

具体计算步骤如下:

(1)根据样品的深度 H,用公式(9-2)计算:

$$\ln R_o = A \times H - B \tag{9-2}$$

式中,A 和 B 为回归系数。

(2)由公式(9-2)计算出 R_o。

(3)将计算出的 R_o 代入相应类型的产烃率公式求出 HCGR,如泌阳凹陷具体公式如下:

Ⅰ型干酪根:

$$HCGR = 20.163R_o^3 - 164.71R_o^2 + 557.55R_o - 146.48 \tag{9-3}$$

Ⅱ₁ 型干酪根:

$$HCGR = 15.698R_o^3 - 128.25R_o^2 + 419.67R_o - 131.95 \tag{9-4}$$

Ⅱ₂ 型干酪根:

$$HCGR = 10.642R_o^3 - 88.593R_o^2 + 283.47R_o - 86.301 \tag{9-5}$$

Ⅲ型干酪根:

$$HCGR = 5.6037R_o^3 - 44.996R_o^2 + 142.98R_o - 40.584 \tag{9-6}$$

(4)通过下式计算单位质量岩石的产烃量:

$$HCGQ = HCGR \times TOC \tag{9-7}$$

(5)结果通过下式计算:

$$\Delta_{S_1} = HCGQ - S_1 \tag{9-8}$$

干酪根镜鉴结果显示,北部湾盆地流二段 3 种类型油页岩均以腐泥组和镜质组为主,这两种组分平均含量占 60% 以上,最高可达 96%;而陆源高等植物碎屑成分含量极少,壳质组和惰质组平均含量不到 30%。镜下观察显示,夹层型、纹层型和基质型油页岩内均有大量非海相沟鞭藻、葡萄藻、光面球藻、粒面球藻及绿藻等藻类化石。除此之外,烃源岩饱和烃生物标志化合物中还检测到一定量 C_{30}-4 甲基甾烷,且基本不含"W""T"等树脂化合物,指示其生烃母质主要为低等水生生物,生油潜力大。根据岩石热解最大峰温(T_{max})与 I_H 关系图版,夹层型和纹层型油页岩有机质类型主要为Ⅰ型与Ⅱ₁ 型,基质型油页岩有机质类型主要为Ⅰ型,均具有良好生油能力。

研究区自由烃差值 Δ_{S_1} 如图 9-3 所示。3 165.55 m 处的自由烃差值小于零,表明该生排烃单元原始生烃量没有现存自由烃量大,即可判断有邻近的其他单元进入外来烃。该单元烃源岩特点是有机碳含量比邻近的低,其本身生烃潜能差,原始生烃量小但由于邻近单元的生烃能力强,形成较强的烃类浓度差,驱使邻近单元烃进入。该深度属于开放型富烃单元,简称为Ⅰ型单元,是页岩含油性最好的类型。

其余深度处自由烃差值大于零,但差值不大,或接近于零值,表明其生排烃单元的原始生烃量与现存自由烃量相当,即该单元与邻近单元的连通性较差,这类单元属于封闭型单元(简称为Ⅱ型单元)。根据前文分析可知北部湾盆地流二段 YY-2 井属于Ⅱ₁型单元,是页岩含油性次好的类型。

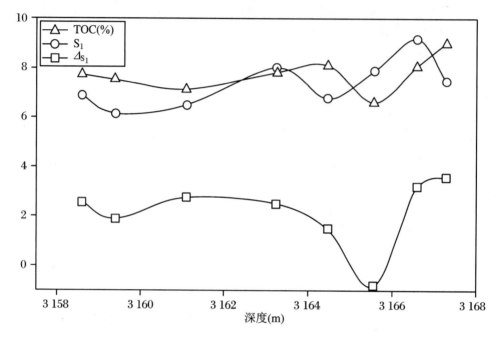

图 9-3 北部湾盆地流二段 YY-2 井自由烃差值

小 结

① 根据全岩热解和总有机碳分析实验结果,计算出北部湾盆地流二段不同深度样品含油饱和度指数介于 81～120 mg/g 之间,平均值为 95.48 mg/g。虽然只有 37% 的样品含油饱和度指数大于 100 mg/g,但综合来看流二段页岩油具有较好的可动性。根据含油饱和度指数判断,纵向上,研究区流二段在 3 165～3 166 m 深度范围内的可动油含量最高,为页岩油勘探的有利层段。

② 北部湾盆地流二段在 3 165.55 m 处的自由烃差值小于零,表明该生排烃单元原始生烃量没有现存自由烃量大,即可判断有邻近的其他单元进入外来烃。

③ 北部湾盆地流二段 YY-2 井属于Ⅱ₁型单元,是页岩含油性次好的类型。

附录 1 北部湾盆地油页岩储层 SEM 孔隙形貌特征

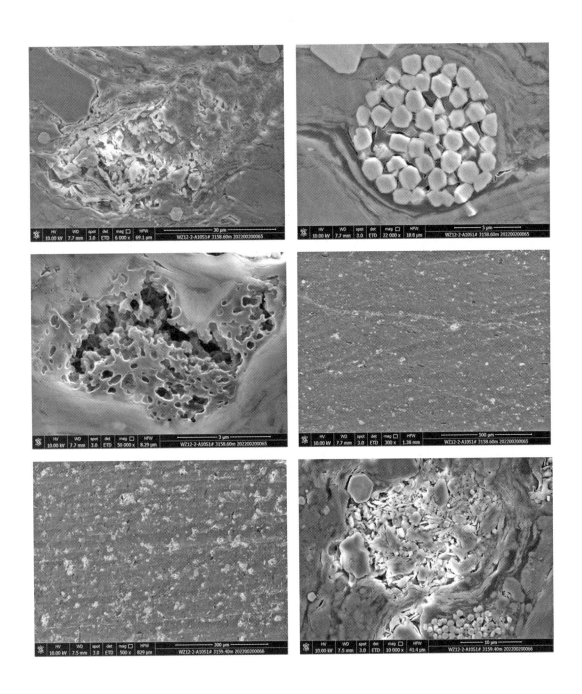

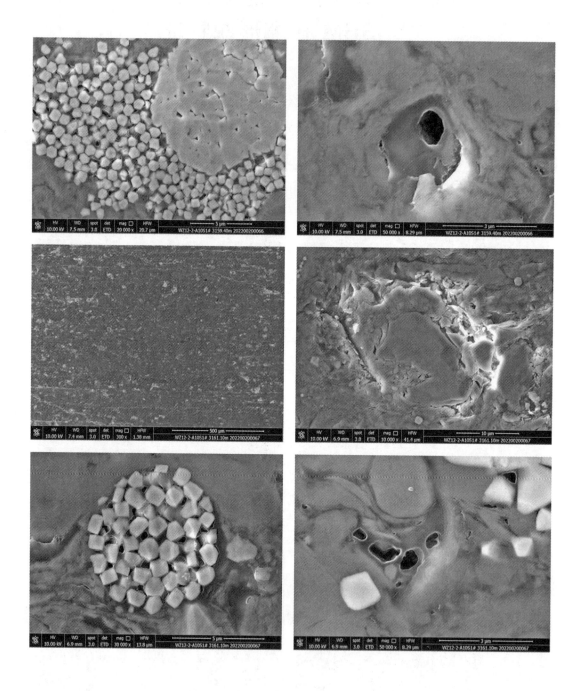

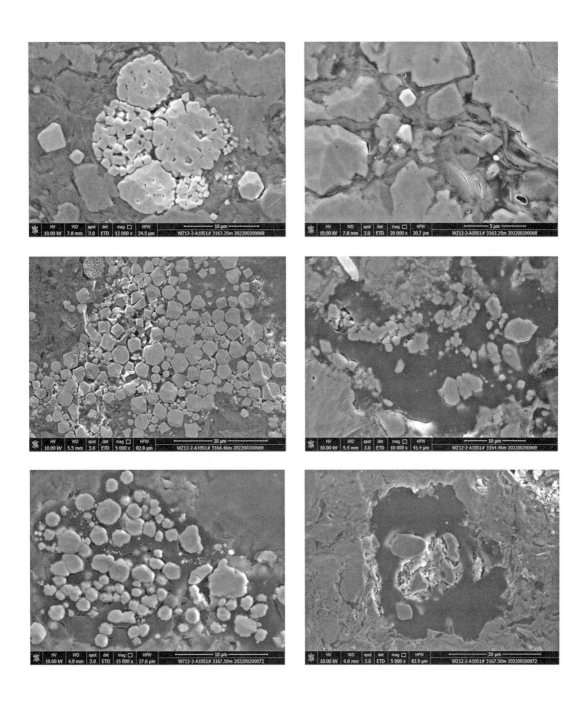

附录 2　矿物对烷烃吸附瞬态情况一览

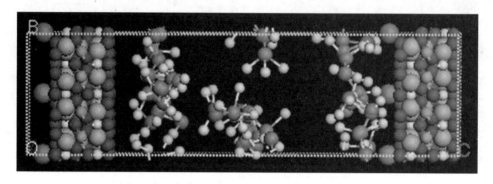

蒙脱石对正十七烷烃吸附瞬态($D = 4\,\text{nm}$)

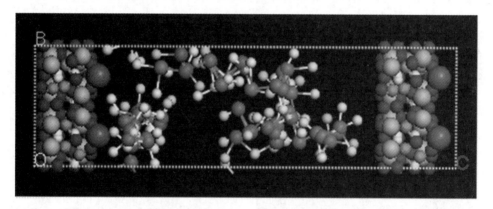

伊利石对正十七烷烃吸附瞬态($D = 4\,\text{nm}$)

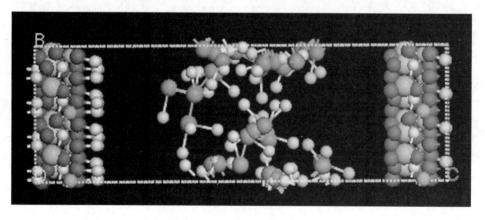

高岭石对正十七烷烃吸附瞬态($D = 4\,\text{nm}$)

参 考 文 献

[1] ALGEO T J,TRIBOVILLARD N. Environmental analysis opaleoceanographic systems based on molybdenumuranium covariation[J]. Chemical Geology,2009,268(3):211-225.

[2] ANOVITZ L M,COLE D R,ROTHER G. Diagenetic changes in macroto nanoscale porosity in the St. Peter sandstone:An(ultra) small angle neutron scattering and backscattered electron imaging analysis[J]. Geochimica et Cosmochimica Acta,2013,102:280-305.

[3] BISH D L,VON DREELE R B. Rietveld refinement of nonhydrogenatomic positions in kaolinite [J]. Clays and Clay Minerals,1989,37:289-296.

[4] BRASSELL S C,EGLINTON G,MO F J. Biological marker compounds as indicators of the depositions history of the Maoming oil shale[J]. Organic Geochemistry,1986,10(5/5/6):927-951.

[5] CHEN X X,WU Z Q,LIANG S Z. Bioenrichment of trace elements by algae and discussion on its mechanisms[J]. Food and Fermentation Industries,1999,25(5):56-60.

[6] CONDIE K C,NOLL P D,CONWAY C M. Geochemical and detrital mode evidence for two sources of early proterozoic sedimentary rocks from the tonto basin supergroup, central arizona[J]. Sedimentary Geology,1992,77(1):51-76.

[7] DAIGLE H,JOHNSON A. Combining mercury intrusion and nuclear magnetic resonance measurements using percolation theory[J]. Transport in Porous Media,2016,111(3):669-679.

[8] DIAO F,JIN F M,LIAO F. Palacolake environment and organic matter enrichment mechanism of Paleogenc Shahejic formation in Langgu sag[J]. Petrolcum Gcology 8 Experirment,2015,36(5): 579-586.

[9] FU N. On relationship between abundance of 5-methyl-C_{30} sterane and source rock quality:A case study of exploration practices in Beibuwan basin[J]. China Offshore Oil and Gas,2018,30(5): 11-20.

[10] FU X D,QIU N S,QIN J Z. Content distribution and isotopic composition characteristics of sulfur in marine source rocks in MiddleUpper Yangtzeregion[J]. Petroleum Geology and Experiment, 2013,35(5):555-551.

[11] GÜRGEY K. Estimation of oil in-place resources in the lower Oligocene Mezardere shale,thrace basin,Turkey[J]. Journal of Petroleum Science and Engineering,2015,133:553-565.

[12] HUANG D F,ZHANG D J,LI J C. On origin of 5-methyl steranes and pregnanes[J]. Petroleum Exploration and Development,1989,15(3):8-15.

[13] JARVIE D M. Shale resource systems for oil and gas:Part 2-shale-oil resource systems[J]. AAPG Bulletin,2012,97:87-119.

[14] JONES B,MANNING D A C. Comparison of geochemical indicesused for the interpretation of palaeoredox conditions in ancient mudstones[J]. Chemical Geology,1995,111(1/2/3/5):111-129.

[15] KATSUBE T J,WILLIAMSON M,BEST M. Shale pore structure evolution and its effect on permeability

［C］//SCA. Conference Paper Number 9215.［S. L］：SCA,1992：1-22.

［16］ KUPECZ J A,GLUYAS J G,BLOCH S. Reservoir quality prediction in sandstones and carbonates：An overview［C］//Reservoir quality prediction in Sandstones and Carbonates. KUPECZ J A, GLUYAS J G,BLOCH S. Tulsa,AAPG Memoir 69,1997,19-28.

［17］ KUPECZ J A,GLUYAS J,BLOCH S. Reservoir quality prediction in sandstones and carbonates：An overview［C］//Reservoir quality prediction in Sandstones and Carbonates. KUPECZ J A,GLUYAS J G,BLOCH S. Tulsa,AAPG Memoir 69,1997,19-28.

［18］ LEACH A R. Molecular modeling：Principle and application［M］. London：Addison Wesley Longman Limited,1996.

［19］ LI D H,LI J Z,IIUANG J L. An important role of volcanic ash in the lormation ol shale plays and itsinspiration［J］. Natural Gas Industry,2015,35(5)：56-65.

［20］ LI M,CHEN Z,MA X. Shale oil resource potential and oil mobility characteristics of the eocene-oligocene Shahejie formation,Jiyang super-dep-ression,Bohai bay basin of China［J］. International Journal of Coal Ge-ology,2019,205：130-153.

［21］ LIU G,ZIIOU D S. Application ol micro element sanalysis in identilying sedimentary environment：taking Qianjiang formation in the Jianghan basin as an example［J］. Petroleum Geology & Experiment, 2007,29(3)：307-311.

［22］ LUO W,XIE J Y,LIU X Y. The study of Paleogene climate in the Haizhong depression,Beibuwan basin, Northern South China Sea［J］. Acta Micropalaeontologica Sinica,2013,30(3)：288-296.

［23］ CURTIS M E,SONDERGELD C H. Structural characterization of gas shales on the micro and nano scales［J］. Society of Petroleum Engineers. 2010,SPE137693.

［24］ CURTIS M E,AMBROSE R J. Transmission and scanning electron microscopy investigation of pore connectivity of gas shales on the nanoscale［C］//North American Unconvent Ioralgas Conference and Exhibition. One Petro,2011.

［25］ MEI B,LIU X J. The distribution of isoprenoid alkanes in China's c-rude oil and its relation with the geologic environment［J］. Oil & Gas Geology,1980,1(2)：99-115.

［26］ MENG Q T,LIU Z J,LIU R. Controlling factors on the oil yield of the upper cretaceous oil shale in the Nongan area,Songliao basin［J］. Journal ot Jilin University(Earth Science Edition),2006,36 (6)：963-968.

［27］ MODIEA C J,LAPIERRE S G. Estimation of kerogen porosity in source rocks as a function of thermal transformation：Example from the Mowry shale in the powder river basin of Wyoming［J］. AAPG Bulletin,2012,96(1)：87-108.

［28］ MCLENNAN S M. Relationships between the trace element composition of sedimentary rocks and upper continental crust［J］. Geochemistry,Geophysics,Geosystems,2001,2(5).

［29］ PAN C C,FENG J H,TIAN Y M. Interaction of oil components and clay minerals in reservoir sandstones［J］. Organic Geochemistry,2005,36(5)：633-655.

［30］ PEPPER A S,CORVI P J. Simple kinetic models of petroleum formation. Part I：Oil and gas generation from kerogen ［J］. Marine and Petroleum Geology,1995,12(3)：291-319.

［31］ PEPPER A S,CORVI P J. Simple kinetic models of petroleum formation part 3：Modelling an open system［J］. Marine and Petroleum Geology,1995,12(5)：517-552.

［32］ LEI Q,WENG D W,GUANB S,et al. Shale oil and gas exploitation in China：Technical comparison with US and development suggestions［J］. Petroleum Exploration and Development Online,2023,50

(4):944-954.

[33] QIN J X,IIAN P,CIIE X C. Resuming the Holocene paleoclimate using $\delta^{18}O$ and trace elements of travertine in Rongma area,Tibet[J]. Earth Science Frontiers,2015,21(2):312-322.

[34] SAIDIAN M,PRASAD M. Effect of mineralogy on nuclear magnetic resonance surface relaxivity:A case study of middle bakken and three forks formations[J]. Fuel,161:197-206.

[35] SONDERGELD C H,NEWSHAM K E,COMISKY J T. Sandstone reservoirs of the upper triassic Yanchang formation in the western ordos basin, China[J]. Journal of Petroleum Science and Engineering,162:602-616.

[36] SPIRO B. Effects of the mineral matrix on the distribution of geochemical markers in thermally affected sedimentary sequences[J]. Organic Geochemistry,1985,6:553-559.

[37] SPIRO B. Thermal effects in"oil shales",naturally occurring kaolinite and metakaolinite organic associations[J]. Chemical Ge-ology,1978,25(1/2):67-78.

[38] KRZYSZTOFORSKI J, HENCZKA M. Porous membranecleaning using supercritical carbon dioxide. Part 1:Experimental investigation and analysis of transportproperties[J]. The Journal of Supercritical Fluids,2018,13612-20.

[39] TRIBOVILLARD N,ALGEO T J,LYONS T. Trace metals as paleoredox and paleo productivity proxies:An update[J]. Chemical Geology,2006,232(1-2):12-32.

[40] SCHNEIDER C A,MUTTERLOSE J,BLUMENBERG M,et al. Palynofacies,micropalaeontology, and source rock evaluation of non-marine Jurassic-Cretaceous boundary deposits from northern Germany-Implications for palaeoenvironment and hydrocarbonpotential[J]. Marine and Petroleum Geology,2019,103526-548.

[41] VILCÁEZ J,MORAD S,SHIKAZONO N. Porescale simulation of transport properties of carbonate[R]. 2017.

[42] WANG F,LIU X C,DENG X Q. Geochemical characteristics and environmental implications of trace elements ol Zhilang formation in the ordos basin[J]. Acta Sedimentary, 2017, 35（6）: 1265-1273.

[43] WANG J,CAO Y C,Ll J L. Distributionof beachbar sandbodies ol the second member of Liushagang formation ol paleogene ol south slope in Weixinan depression,Beibuwan basin[J]. Acta Sedimentologica Sinica,2013,31(3):536-555.

[44] WANG F P,REED R M,JOHN A. Pore networks and fluid flow in gas shales. Society of petroleum engineers[J]. 2009,SPE125253.

[45] WOLF G A,LAMB N A,MAXWELL J R. The origin and fate of 5-methyl steroid hydrocarbons. I. Diagenesis of 5-methyl sternes[J]. Geochimica et Cosmochimica Acta,1986,50:335-352.

[46] YANG S Y,QIAO H G,CHENG B. Solvent extraction efficiency of an eoceneaged organicrich lacustrine shale[J]. Marine and Petroleum Geology,2021,126:105-951.

[47] YANG Y,LEI T Z,GUAN B W. Differences of solvable organic matters with different occurrence states in argillaceous source rocks of coastal shallow lake facie[J]. Lithologic Reservoirs,2015,27 (2):77-82.

[48] YAO Y,LIU D,CHE Y. Petrophysical characterization of coals by low-field nuclear magnetic resonance(NMR)[J]. Fuel,2010,89(7):1371-1380.

[49] Yl W L,JIN X C,CIIU Z S. Effect of dillerent mass concentrations on growth and pincell of microcyst is aeruginosa[J]. Research of Environmental Sciences,2005,17(81):58-61.

[50] YUAN X Q,YAO G Q,JIANG P,et al. Provenance analysis lor Liushagang formation of Wushi depression,Beibuwan basin,the South China Sea[J]. Earth Science,2017,52(11):2050-2055.

[51] ZHU W L,Wu G X,Li M B. Palaeolimology and hydrocarbon potential in Beibu gulf basin of South China Sea[J]. Oceano logia et Limnologia Sinica,2005,35(1):8-15.

[52] ZOU C N,ZHU R K,BAI B. First discovery of nanopore throatin oil and gas reservoirin China and its scientific value[J]. ActaPetrolog ica Sinica,2011,27(6):1857-1865.

[53] 蔡进功,包于进,杨守业,等.泥质沉积物和泥岩中有机质的赋存形式与富集机制[J].中国科学 D 辑（地球科学）,2007,37(2):235-253.

[54] 蔡潇.原子力显微镜在页岩微观孔隙结构研究中的应用[J].电子显微学报,2015,35(5):326-331.

[55] 陈颙,黄庭芳,刘恩儒.岩石物理学[M].合肥:中国科学技术大学出版社,2009.

[56] 代天娇.涠西南凹陷×油田涠洲组成岩作用及其对储层物性的控制作用研究[D].大庆:东北石油大学,2020.

[57] 刁帆,金凤鸣,郝芳,等.廊固凹陷古近系沙河街组古湖泊环境与有机质富集机制[J].石油实验地质,2015,36(5):579-586.

[58] 董贵能,杨希冰,何小胡,等.北部湾盆地涠西南凹陷流二段三角洲的沉积特征及油气勘探意义[J].大庆石油地质与开发,2020,39(5):32-51.

[59] 冯越,黄志龙,张华,等.吐哈盆地胜北洼陷七克台组二段混积岩致密储层特征研究[J].特种油气藏,2019,26(5):56-63.

[60] 付小东,邱楠生,秦建中,等.中上扬子区海相层系烃源岩硫含量分布与硫同位素组成特征[J].石油实验地质,2013,35(5):555-551.

[61] 傅宁,林青,王柯.北部湾盆地主要凹陷流沙港组二段主力烃源岩再评价[J].中国海上油气,2017,29(5):12-21.

[62] 傅宁,刘建升.北部湾盆地流二段 3 类烃源岩的生烃成藏特征[J].天然气地球科学,2018,29(7):932-951.

[63] 关平,徐永昌,刘文汇.烃源岩有机质的不同赋存状态及定量估算[J].科学通报,1998,53(15):1556-1559.

[64] 韩学辉,杨龙,王洪亮,等. 一种实用的 CO_2 溶解气驱岩心洗油方法[J].石油实验地质,2013,35(1):111-115.

[65] 胡德胜,邓勇,李安琪,等.涠西南凹陷南斜坡流二段成藏条件新认识及勘探实践[J].中国海上油气,2017,29(5):30-38.

[66] 胡鸿钧.中国淡水藻类[M].上海:上海科学技术出版社,1981.

[67] 黄怀曾,汪双清.磷控型富营养化:机理与调控原理[M].北京:科学出版社,2015.

[68] 黄振凯,郝运轻,李双建,等.鄂尔多斯盆地长 7 段泥页岩层系含油气性与页岩油可动性评价:以 H317 井为例[J].中国地质,2020,57(1):210-219.

[69] 蒋启贵,黎茂稳,钱门辉,等.不同赋存状态页岩油定量表征技术与应用研究[J].石油实验地质,2016,38(6):852-859.

[70] 靳军,王子强,孟皓锦,等.准噶尔盆地致密油岩心洗油技术探讨:以吉木萨尔凹陷流二段流沙港组组致密油为例[J].岩性油气藏,2016,28(6):103-108.

[71] 李登华,李建忠,黄金亮,等.火山灰对页岩油气成藏的重要作用及其启示[J].天然气工业,2015,35(5):56-65.

[72] 李海波,郭和坤,周尚文,等.低渗透储层可动剩余油核磁共振分析[J].西南石油大学学报（自然科学版）,2016,38(1):119-127.

[73] 李凯,赵建文,庄丽.盐间非砂岩岩心的钻取、封装及洗油技术:以潜16C、王云11两口井的岩心制备为例[J].江汉石油科技,2007(5):5-6.

[74] 李伟,王亚会,陈肖,等.不同提液方式对强水驱海相砂岩油藏驱油效率影响的实验研究[J].地质科技通报,2021,50(5):301-306.

[75] 李晓光,刘兴周,李金鹏,等.辽河坳陷大民屯凹陷沙四段湖相页岩油综合评价及勘探实践[J].中国石油勘探,2019,25(5):636-658.

[76] 李志明,钱门辉,黎茂稳,等.中-低成熟湖相富有机质泥页岩含油性及赋存形式:以渤海湾盆地渤南洼陷罗63井和义21井沙河街组一段为例[J].石油与天然气地质,2017,38(3):558-556.

[77] 李娟,于斌.黏土矿物对储层物性的影响[J].中国西部科技,2010,10(22):8-9.

[78] 刘刚,周东升.微量元素分析在判别沉积环境中的应用:以江汉盆地潜江组为例[J].石油实验地质,2007,29(3):307-311.

[79] 刘英俊,曹励明.元素地球化学[M].北京:科学出版社,1985.

[80] 邓宏文,钱凯.沉积地球化学与环境分析[M].兰州:甘肃科学技术出版社,1993.

[81] 刘招君,柳蓉.中国油页岩特征及开发利用前景分析[J].地学前缘,2005,12(3):315-323.

[82] 刘招君,杨虎林,董清水,等.中国油页岩[M].北京:石油工业出版社,2009:15-38.

[83] 柳少鹏,周世新,王保忠,等.烃源岩评价参数与油页岩品质指标内在关系探讨[J].天然气地球科学,2012,23(3):561-569.

[84] 卢双舫.有机质成烃动力学理论及其应用[M].北京:石油工业出版社,1996:85-90.

[85] 马睿,王民,李进步,等.热释法在页岩吸附油定量评价中的实验探讨[J].石油地质与工程,2019,33(6):9-15.

[86] 孟卫工,孙洪斌.辽河坳陷古近系碎屑岩储层[M].北京:石油工业出版社,2007.

[87] 那平,张帆,李艳妮.水化Na-蒙脱石和Na/Mg-蒙脱石的分子动力学模拟[J].物理化学学报,2006,22(9):1137-1152.

[88] 钱门辉,蒋启贵,黎茂稳,等.湖相页岩不同赋存状态的可溶有机质定量表征[J].石油实验地质,2017,39(2):278-286.

[89] 宋国奇,张林晔,卢双舫,等.页岩油资源评价技术方法及其应用[J].地学前缘,2013,20(5):221-228.

[90] 孙中良,王芙蓉,侯宇光,等.潜江凹陷潜江组页岩中可溶有机质赋存空间表征及影响因素分析[J].地质科技情报,2019,38(6):81-90.

[91] 覃建勋,韩鹅,车晓超,等.利用荣玛地区温泉钙华$\delta^{18}O$及微量元素重建西藏全新世以来古气候[J].地学前缘,2015,21(2):312-322.

[92] 汤桦,白云来,吴武军.中国西北新能源:油页岩典型特征及开发利用中的几个问题[J].中国地质,2011,38(3):731-751.

[93] 田景春,张翔.沉积地球化学[M].北京:地质出版社,2016.

[94] 王蜂,刘玄春,邓秀芹,等.鄂尔多斯盆地纸坊组微量元素地球化学特征及沉积环境指示意义[J].沉积学报,2017,35(6):1265-1273.

[95] 王健,操应长,李俊良,等.北部湾盆地涠西南凹陷南坡古近系流二段滩坝砂体分布规律[J].沉积学报,2013,31(3):536-555.

[96] 王晋.1M伊利石对甲烷吸附的分子模拟[D].太原:太原理工大学,2015.

[97] 王进.蒙脱石层间结构的分子力学和分子动力学模拟研究[D].太原:太原理工大学,2005.

[98] 王民,关莹,李传明,等.济阳坳陷沙河街组湖相页岩储层孔隙定性描述及全孔径定量评价[J].石油与天然气地质,2018,39(6):1107-1119.

[99] 王森.页岩油微尺度流动机理研究[D].青岛:中国石油大学(华东),2016.

[100] 王文广,郑民,王民,等.页岩油可动资源量评价方法探讨及在东濮凹陷北部古近系沙河街组应用[J].天然气地球科学,2015,26(5):771-781.

[101] 王永诗,李政,巩建强,等.济阳坳陷页岩油气评价方法:以沾化凹陷罗家地区为例[J].石油学报,2013,35(1):83-91.

[102] 吴良士.样品采集篇(1)[J].矿床地质,2015,35(1):205-207.

[103] 吴松涛,林士尧,晁代君,等.基于孔隙结构控制的致密砂岩可动流体评价:以鄂尔多斯盆地华庆地区上三叠统长6致密砂岩为例[J].天然气地球科学,2019,30(8):1222-1232.

[104] 徐建永,张功成,梁建设,等.北部湾盆地古近纪幕式断陷活动规律及其与油气的关系[J].中国海上油气,2011,23(6):362-368.

[105] 徐喜庆,张鑫璐,金大伟,等.致密储层含油岩心清洗技术研究[C]//2017油气田勘探与开发国际会议(IFEDC2017)论文集.西安:西安石油大学,西南石油大学,陕西省石油学会,2017:6.

[106] 徐长贵,邓勇,范彩伟,等.北部湾盆地涠西南凹陷页岩油地质特征与资源潜力[J].中国海上油气,2022,35(5):1-12.

[107] 薛海涛,田善思,卢双舫,等.页岩油资源定量评价中关键参数的选取与校正:以松辽盆地北部青山口组为例[J].矿物岩石地球化学通报,2015,35(1):70-78.

[108] 杨燕,雷天柱,关宝文,等.滨浅湖相泥质烃源岩中不同赋存状态可溶有机质差异性研究[J].岩性油气藏,2015,27(2):77-82.

[109] 易文利,金相灿,储昭升,等.不同质量浓度的磷对铜绿微囊藻生长及细胞内磷的影响[J].环境科学,2005.17(增刊1):58-61.

[110] 油气储集层岩石孔隙类型划分SY/T 6173—1995[S].北京:中国石油天然气总公司,1995.

[111] 于炳松.页岩气储层孔隙分类与表征[J].地学前缘,2013,20(5):211-220.

[112] 袁晓蔷,姚光庆,姜平,等.北部湾盆地乌石凹陷东部流沙港组物源分析[J].地球科学,2017,52(11):2050-2055.

[113] 张林晔,包友书,李钜源,等.湖相页岩油可动性:以渤海湾盆地济阳坳陷东营凹陷为例[J].石油勘探与开发,2015,51(6):20.

[114] 张林晔,包友书,李钜源,等.湖相页岩中矿物和干酪根留油能力实验研究[J].石油实验地质,2015,37(6):776-780.

[115] 张林晔,包友书,李钜源,等.湖相页岩中矿物和干酪根留油能力实验研究[J].石油实验地质,2015,37(6):776-780.

[116] 张林晔,刘庆,张春荣.东营凹陷成烃与成藏关系研究[M].北京:北京地质出版社,2005:116-118.

[117] 张鹏飞.基于核磁共振技术的页岩油储集、赋存与可流动性研究[D].青岛:中国石油大学(华东),2019.